背叛真理的人们

科学殿堂中的弄虚作假

Betrayers of the Truth

［美］威廉·布罗德（William Broad）　　著
［美］尼古拉斯·韦德（Nicholas Wade）

朱进宁　方玉珍　译

 上海科技教育出版社

对本书的评价

◇

《背叛真理的人们》是一部重要的著作，因为它挑战了关于科学客观性的传统智慧……本书并不是对所有科学家的控诉，而是对欺诈和自欺欺人如何在一个经常被宣称对这种偏差免疫的系统中发生，进行的深思熟虑、信而有征的精彩分析……我愿意向所有读者推荐这本书。

——罗伯特·H. 埃伯特（Robert H. Ebert），
哈佛大学医学院前院长

◇

所有对科学事业及其在社会中的作用感兴趣的人都应该阅读《背叛真理的人们》。最重要的是，本书应该成为每个立志从事研究工作的学生的必读书。

——罗伯特·C. 考恩（Robert C. Cowen），
《基督教科学箴言报》（*The Christian Science Monitor*）

◇

精彩绝伦的阅读体验。

——《科学》（*Science*）

◇

一部引人入胜的经典佳作。

——《自然》（*Nature*）

学者对谈

是操守问题还是制度问题？

◇ 江晓原（上海交通大学讲席教授）

◆ 刘兵（清华大学教授）

◇如今，科学经常被视为神圣纯洁的学问，科学家也经常被视为神圣纯洁的人群，而科学的运作自然也就被视为神圣纯洁的过程。人们总是相信，即使科学界有舞弊事件发生，那也一定是很偶然的；人们还相信，这些事件很快就会被揭露和纠正，因为"科学有自我纠错的机制"。但是，随着科学中被曝光的舞弊事情越来越多，人们不禁要问：如果科学中的舞弊总是能够被揭露并受到惩罚，为什么那些舞弊者还如此前赴后继地以身试法呢？这仅仅是科学家个人的操守问题吗？

本书的两位作者，深入考察科学运作的过程，通过对大量科学舞弊案例的分析，得出了如下结论："科学家获得新知识，并不单纯靠逻辑性和客观性，巧辩、宣传、个人成见之类的非理性因素也起了作用。科学家依靠的并不全都是理性思维，而理性思维也不是他们专有的。"因此，他们认为："科学不应被视为社会中理性的卫士，而只是其文化表达的一种重要方式。"这样的结论虽然对科学似乎颇为不敬，却是符合实际情况的——倒是先前那些将科学描绘成天然神圣纯洁的读物不符合实际情况。

科学是要由人去运作的，而且科学中又充满着人与人之间的竞争。在当今科学界激烈竞争、成果至上的氛围中，从竞争到贪婪，中间并没有不可逾越的鸿沟；而从贪婪到舞弊，中间也没有不可逾越的鸿沟。这真令人感到有些悲观。

◆我们谈的这本书，其实并不是刚刚有中译本，在将近20年前，科学出版社就曾出版过它的译本，译者也是相同的，这次只是由译者重新进行了修订，出版者正式买了版权，装帧上也更漂亮了。原来的那个译本，我早就曾读过，只是，今天重新再读这本书时，发现自己却有了与原来读它时相当不同的感受。这似乎也说明了它的出版在今天仍然有着重要的意义。我发现，自己原来也许只是看到了书中所说的一些具体现象，而对于作者的深意，却完全没有理解，或者说，是误读了它。

其实，这样的意思译者在新版的译后记里也有所表达："那时读这本书多少有点儿像是看演义小说""今天，我们再读《背叛真理的人们》，肯定会另有一番感受"。其中最重要的一点，恐怕就是在将近20年前的语境中，我们会更将那些科学中的作伪看作是因作伪者个人的道德问题而导致的不良现象，从而会忽略了原作者所要强调的那种因科学本身的性质、结构、动作方式等造成了作伪的一再重现。因此作者才会说："这是一本探讨科学研究本来面目的书，其宗旨是试图更好地认识这个在西方社会被视为真理最高仲裁者的知识体系。"这实际上也就是说，通过对于科学中作伪这样一个特殊的视角切入，人们也会以特定的方式对科学的本质有另一种新的认识和了解。

◇本书以前的译本我也有（科学出版社1988年版，定价2元）。译者在新版后记中所表达的当年读这本书时"多少有点儿像是看演义小说"的感觉，我也经历过。我虽然是学天体物理学出身，听起来非常"科学"，但那时对科学界的机制和运作其实了解很少，作为一个朴素的科学主义者，对科学只是"高山仰止"，所以看到这些科学界舞弊的事情，觉得离我们的生活十分遥远,因此也不可能获得应有的感悟。

非常奇妙的是,我这次将本书旧译本找出来看时,在书中发现一张16年前的剪报——肯定是我自己当年放进去的。这是刊登在1989年2月26日《科技日报》上的一篇译文"科学殿堂里的剽窃行为"(作者是另一个美国人),里面有这样的标题:"庞杂的出版物体系很容易被人利用""现行学术出版体制造成的恶果"等,正好揭示了本书想要强调的也是本书中最有价值的观点——科学界经常出现舞弊、剽窃等现象,并不仅仅是因为某些科学家个人操守不好,而是在相当大的程度上是由制度促成的。

◆从这里面,我们其实还可以联想到许多的问题。例如,此书作者更多是在美国的语境中讨论科学界的作伪问题,而我们经常可以从各种渠道听到说美国学术界又是如何的严谨,如何对作伪者予以严厉的处罚,如使之丧失继续在学术界从事的资格等。但即使如此,仍有此书作者举出的这些实例(当然,一本书中只能谈有限的事例,在现实中自然应该有更有书中未提及的,更有许多甚至还未被发现揭露的),这恰恰为那种作伪的制度性原因的说法给出了某种佐证。相比之下,中国学术界相关的机制还远不那么完美,而且,由于中国特殊的文化传统和社会现实,包括人情关系之类与美国有很大差别的环境,对科学界的作伪来说,恐怕就更是一个严重的问题了。这里面,当然也有着另有特色的体制性因素。

随之而来的一个问题就是,在这种作伪严重的局面下,人们究竟应该如何面对? 例如,应该如何揭露和处罚? 是不是可以允许以非制度性的、非法治性的方式来对付那许许多多的作伪行为? 如此等等。你是怎么看的呢?

◇关于这类舞弊问题,我是十分悲观的。

记得以前我们在香港谈过学术界的"法治"与"人治"。我们现在的学术界流行的是所谓"法治"——讲学位、著作之类的"硬杠杠";而所谓"人治"则是信任某些个人的判断力。我早就指出,"人治"与"法治"相比,至少有一样好处:"人治"必然有人为后果负责,而"法治"则可以无人为后果负责。

但是对于舞弊之类的事情,"人治"显然更容易出问题,当然只能靠科学界的"法治",通常是指同行评议、论文审查、重复实验三条。但是这三条并不能杜绝舞弊的发生。前两条人情都可以产生作用,第三条看似客观,其实正如本书所指出的,因为实验条件不能百分之百相同,重复别人的实验既要花钱又不能再发表论文,人们往往不去做。

有人曾说,"在所有职业中,科学最富有批判性",世间音乐、美术、诗歌、文学皆需专职的批评家,唯独不需要专职的科学批评家——"因为科学家自己就可以胜任这一角色"。这恐怕是欺人之谈。还是秦伯益院士的话最为持平之论:"把科技界看得过于神圣,不切合实际。"

◆这本书也许恰恰是在为秦院士的那个说法提供着实例和理论的支撑。其实,像当下流行的SSK等研究,也同样是在揭示着传统中我们经常会视而不见的科学界的不那么"神圣"的方面,只是因为主题的缘故,这里所专注的只是作伪问题而已。但关键在于,科技界虽然由于个人和体制的双重原因而存在着作伪,甚至在当下的情形下也无法彻底根除作伪,不过,揭示作伪(当然,关于如何揭露又会引发出另外一大堆问题,在此暂不多谈)也仍然是不得不为之的事。也许科学只能在这样矛盾的张力中继续发展。

2005年4月

内容提要

　　名利和金钱的诱惑、大型研究机构的弊病、本应万无一失的评议机制在发现和纠正科学舞弊行为方面的反复失败——《背叛真理的人们》讲述的是科学究竟如何运作，以及某些科学家为什么会受到诱惑，在学术研究中实施舞弊行为。从伪造实验数据到凭空发明整个科学实验，从杜撰实验结果到剽窃他人的研究成果，本书探讨了科学研究中存在的各种弄虚作假，以及它们是如何在几个月、几年甚至几个世纪里都未被发现的。作者威廉·布罗德和尼古拉斯·韦德引用了天文学、物理学、生物学和医学领域的数十个案例（如托勒密无中生有地声称进行过天文学测量，孟德尔发表的统计结果因过于漂亮而失去真实性等），表明舞弊和欺骗在科学领域中和在其他领域中一样普遍。在作者言之有据的分析中，我们对科学研究本质的误解逐渐被一幅真实难忘的科学图景所取代：多一些人为因素，少一些理想主义，但一如既往地引人入胜、充满希望。

作者简介

　　威廉·布罗德（William Broad），《纽约时报》（*The New York Times*）资深记者，畅销书作家。在30多年的科学记者生涯中，他撰写了数百篇头版文章，获得了诸多重要奖项，包括两次普利策奖、一次艾美奖和一次杜邦–哥伦比亚奖，年度选集《美国最佳科学写作》（*The Best American Science Writing*）曾两次收录他的作品，著有《瑜伽的科学》（*The Science of Yoga*）等。

　　尼古拉斯·韦德（Nicholas Wade），曾担任《自然》（*Nature*）杂志副主编、驻华盛顿记者，《科学》（*Science*）杂志记者，《纽约时报》社评撰稿人、编辑、科学记者，现为自由撰稿人、记者，著有《黎明之前》（*Before the Dawn*）、《信仰的本能》（*The Faith Instinct*）等。

目　录

序　言

　　这是一本探讨科学研究本来面目的书,其宗旨是试图更好地认识这个在西方社会被视为真理最高仲裁者的知识体系。我们之所以要写这本书,是因为我们认为,科学研究的真实本质普遍地被科学家和公众所误解。

　　按照常理,科学研究应该是一个严密的逻辑推理过程,尊重客观是科学家工作态度的精髓,所有的科研成果都要受到同行专家评议和重复实验的严格检查。在这个自我验证的体系中,不管出现什么样的错误,都会迅速而毫不留情地受到摒弃。

　　我们在报道近来发现的一些科学家发表虚假成果的案例时,开始对上述看法产生了怀疑。起初,我们是从个人心理的角度来探索科学界这一桩桩舞弊行为的:一个以探索真理为己任的科研人员怎么会背叛自己职业的根本原则去搞假数据呢? 当时我们确实受了那些传统科研观念发言人的影响,他们总是强调这种罪行的个人性质。他们总是说,伪造数据是个别人心态失常的结果;这种做法已经理所当然地为科研的自律机制所查获,因而无需杞人忧天。

　　但是,当更多的舞弊案被揭露出来,并广泛传闻还有类似的案子被人悄悄遮掩了事时,我们对舞弊只是科学园地中偶尔出现的区区小事一说产生了疑问。经过进一步细查,我们注意到,这些案子与通常理念中的科学研究模式是格格不入的。逻辑推理、重复实验、同行评议、尊重客观——这一切统统被科学舞弊者成功地而且一而再、再而三地加以嘲弄。他们何以能够走得这么远,搞的时间又这么长呢?假如舞弊行为真像那些官方发言人所云是注定要失败的,为什么还会有这么多人要去尝试一番呢?

我们研究的每件舞弊案都是人类行为的一个绝妙缩影,而且往往是人类悲剧的缩影。但我们很快就感到,在这些具体事件的背后,潜藏着一个更为严重、更带普遍性的问题:舞弊是人们通常对科研所持有的理念无法解释的一种现象;因此这种理念本身必然是有缺陷的或者说是极不完善的。

由于舞弊现象已经使我们对通常的理念产生了怀疑,所以我们相信这种现象也为我们从另一个角度了解科学研究提供了一种有用的手段。在我们看来,这种通常的理念是一些历史学家、哲学家和社会学家的杰作,他们不是从科研本身的角度,而是从他们各自专业的角度去看待科研。就像人们到一个陌生的国度去旅游一样,这些以观察科研为职业的人所看到的常常是和自己有关的东西,而不是他们所去的那个国家。

我们认为,舞弊现象为人们认识科学研究提供了另一个途径。医学就曾经从病理学的研究中获得了不少关于人体正常功能的有用知识。从病理的角度而不是用某种先入之见的标准来研究科学,就比较容易看到这一过程固有的而不是想当然的规律。舞弊的案例不仅为我们了解科研检验系统在实践中是否灵验提供了有力的证据,并且对我们认识科学的本质,如科研方法、事实与理论的关系、科研人员的动机与态度等,也提供了有力的证据。本书就是想通过科研中的舞弊现象,来对科学研究的种种现象作一个剖析。

总之,我们的结论是,现实的科学研究和通常理念所描绘的并没有多少共同之处。我们相信,在科学知识中能见到的逻辑结构根本没有谈及这一结构的建立过程,也没有谈及建立这一结构的人的心理状态。科学家获得新知识,并不单纯靠逻辑性和客观性,巧辩、宣传、个人成见之类的非理性因素也起了作用。科学家依靠的并不全都是理性思维,而理性思维也不是他们所专有的。科学不应被视为社会中理性的卫士,而只是其文化表达的一种重要方式。

本书的许多部分是在我们分别为学术周刊《科学》(Science)杂志和伦敦《新科学家》(New Scientist)杂志所撰写文章的基础上写成的。阿姆斯(Karen Arms)、布拉什(Stephen G. Brush)、卡伦(Thomas Callan)、乔纳森·科尔(Jonathan Cole)、埃克哈特(Robert C. Eckhardt)、诺尔曼(Colin Norman)以及罗伯茨(Leslie Roberts)读了本书的初稿,提出不少意见,给了我们很大的支持。我们还要向那些给我们帮助和指导的人致以谢忱,他们中间有:博费(Philip Boffey)、乔克(Rosemary Chalk)、西塔迪诺(Eugene Cittadino)、加尔蒙(Linda Garmon)、加斯顿(Jerry Gaston)、赫瑟林顿(Norriss Hetherington)、希金斯(A. C. Higgins)、霍尔顿(Gerald Holton)、詹森(James Jensen)、马特森(Peter Matson)、罗林斯(Dennis Rawlins)、伦斯伯格(Boyce Rensberger)、赛德尔(Hal Sider)和特鲁齐(Marcello Truzzi)。

威廉·布罗德
尼古拉斯·韦德

◇ 第一章

并不完美的理念

　　这位来自美国田纳西州的年轻国会议员用木槌敲击着桌子，让坐在庄严的听证室里的听众安静下来。"我不能不得出这样一个结论，"他说，"就是说，这类问题之所以不断地出现，原因之一就是身居科学界高位的人不愿以一种非常严肃的态度对待这些问题。"

　　国会议员戈尔（Albert Gore, Jr.）*所关注的问题是科学研究中的舞弊行为。作为众议院科学技术委员会的成员，戈尔对最近揭露出来的一桩桩大案感到不安。作为该委员会调查组组长，他决心抓一抓这个问题。1981年3月31日到4月1日他主持的听证会标志着国会首次过问这个问题。戈尔和其他国会议员对被请来作证的高级科学家的态度首先是感到惊讶，接着便转为愤怒。

　　第一位作证的是当时的美国科学院院长、科学界的首席发言人汉德勒（Philip Handler）。汉德勒一开始非但未按惯例对自己被请来向委员会作证表示感谢，反而公然宣称他对要自己就科研中舞弊的问题作证感到"颇为不快和不满"。他说，这个问题被新闻界"严重地夸大"了。这等于明白地告诉委员会，他们这样做是在浪费时间。汉德勒宣称，科

　　---

　　* 他曾于1993—2001年担任美国副总统，后致力于环保事业，凭借在全球气候变化与环境问题上的贡献，获得2007年诺贝尔和平奖。——译者

研中舞弊的事情很少发生,即便发生,"也是在一个有效的、民主的并能够纠正自身错误的系统之中",所以这种事必然会被查出来。其言外之意十分清楚:科研中的舞弊根本不是个问题,现存的科研机制完全能够妥善地处理,国会无需多管闲事。

要是在别的情况下,汉德勒这种气势汹汹的腔调也许能够奏效,但这次他错误地估计了形势。近来最引人注意的两件舞弊案恰恰发生在哈佛大学和耶鲁大学这两所高等学府,不是说一下新闻界夸大就能一笔勾销的。更有切身感受的是,国会议员们自己刚刚因前不久发生的阿伯斯堪受贿案(Abscam bribery case)而被迫卷入了一场令人难堪的自我整顿之中,在这一案件中,有6名国会议员被发现愿意拿政治上的支持去作金钱交易。科学家们竟然置自己的本职利益于不顾而拒不认错,当然是众议院调查监督小组不能容忍的。[1]

关于科研中的舞弊问题,国会议员们还发现,科学家们似乎并不懂得这样一个道理,即不管搞假数据的科学家占的比例多么小,这种事每隔几个月发生一起,就足以使科学在公众的心目中名声扫地。当一个个证人学着汉德勒的腔调大谈什么现有的科研机制正在解决这个问题时,国会议员们一个个都变得怒不可遏。俄亥俄州的沙曼斯基(Bob Shamansky)略带讥讽地承认:"(证人们)对委员会竟敢开这样的听证会大加攻击,真使我有点吃惊。"宾夕法尼亚州的沃克(Robert Walker)* 愤愤地说:"使我对这一切感到不安的是,我们在这里听到的许多证词中,似乎有相当'冲'的这样一股科学界的狂妄劲——科学的事我们最懂,我们已经过问了这些问题,如果我们不过问,别人也不用插手。"

不管怎么样,国会议员们还是过问了这些问题,但在每个节骨眼

---

* 他曾于1995—1997年担任美国国会众议院科学委员会主席,2001年被任命为美国航空航天工业未来委员会主席。——译者

上,科学家们总是在设置障碍。某些根本看法上的距离显然无法解决:对同一件事,双方用截然不同的方法去看。国会议员们看到的是一帮显然是讳疾忌医的专业团伙,而科学家们却深信其自我纠正机制(self-correction mechanisms)能使舞弊行为无法得逞,认为这个问题至多也不过是个别人精神失常所造成的。

科学家所持的这种看法等于是说,任何企图伪造科学数据的人必定是疯子。但他们的看法在那天的听证会上却被一个承认伪造了实验结果的哈佛大学医学研究人员约翰·朗(John Long)非常理性的证词所否定。[2]约翰·朗悔恨自己,但他很会说话,同时表现得彬彬有礼,显然能够自我控制。他的大脑完全没有问题。当他原来的上司、马萨诸塞州综合医院的研究主任后来告诉委员会说,约翰·朗假造实验结果绝不止他所承认的那一次时,国会议员们对科学家们未能解决问题所表现出的愤慨似乎超过了对他本人的恼火。调查组组长戈尔说:"在短短一个小时里,调查组从根本不是问题的奥林匹亚峰一下子掉入可能有人作伪证的深沟中。"他接着又说:"这种经历可以使人产生科学精神分裂症。"戈尔似乎是在说,如果真的有精神失常的问题的话,那就是他所称的科学界对舞弊行为的"双重态度"。

戈尔议员主持的听证会开完还不出几个星期,又一件重大的科学舞弊案开始被揭露出来,这一次是在美国生物医学研究的心脏——哈佛医学院。[3]这件最新的案子似乎专门为印证戈尔议员所说的科学精神分裂症而设计。坚信科研自我管理机制(self-policing mechanisms)的哈佛大学当局没有能够看到他们眼前出现的问题的严重性。

哈佛这一案件的要害,就在于全国第一流的心脏病专家、哈佛最有名望的两家医院的总医师布劳恩瓦尔德(Eugene Braunwald)把全部的厚望寄托在他的得意门生达尔西(John Roland Darsee)身上。达尔西是一个身材修长、讨人喜欢的人,他不知疲倦地在首屈一指的心血管研究机构工作。这位年轻的医生在哈佛大学的两年期间,发表了近百篇论文和摘要,这个数字用任何标准来衡量都属罕见,其中有不少是和他的导师布劳恩瓦尔德联名发表的。掌管着两个研究所和国立卫生研究院拨给的300多万美元经费的布劳恩瓦尔德,还打算在哈佛大学的贝思·伊斯雷尔医院专为达尔西建一个研究所。在充满竞争的波士顿生物医学研究界,对达尔西这样的年轻人如此重用,无疑是给了他一个金饭碗。

在布劳恩瓦尔德实验室的其他年轻人中间,达尔西却不那么吃香。他们怎么也无法理解,就算达尔西工作很卖力,但他怎么做得了那么多工作,写出数量如此惊人的论文。1981年5月的一个晚上,当他们偷偷观察他时,发现他明目张胆地为一项将要发表的实验编造数据。在对证时,达尔西承认自己编造了数据,但却又一口咬定只犯过这么一次。对此,他的同事们总不太相信。他们把他实际做的实验同后来写的供发表的东西加以比较,确定其中有很大一部分是凭空编造出来的。达尔西一个同事后来说:"冰冻三尺,非一日之寒,人们已经怀疑好几个月了。"他们告诉布劳恩瓦尔德,他们认为达尔西是在系统地弄虚作假。

但布劳恩瓦尔德却认为这只不过是一起孤立的事件。"当时我们有一个杰出的人才,"他后来说,"他显然是我有幸与之共事的130个研究人员中最杰出的一个。把事情公开捅出去,会毁掉他一辈子。"于是达尔西虽然被解除了在哈佛大学的任职,但仍被允许留在实验室继续工作。舞弊的事,没有告诉其他研究人员,也没有采取任何措施通知那些可能使用达尔西发表的大量结果的科学家:他的那些东西都已经画上了一个大问号。

哈佛大学的官员们在这件事发生后最初5个月中的所作所为,似乎就是以汉德勒在国会听证会上提出的论点为基础的。科研中弄虚作假的事很少发生,即便发生,"也是在一个有效的、民主的并能够纠正自身错误的系统之中"，因而迟早会被查出来；这种论点表示：谁要想编造假数据，他必定是个疯子。由于达尔西显然是个前途无量的有理智的人，所以哈佛大学的官员只能把他已承认的舞弊当作一次孤立的过失，而不是带有普遍性的现象。布劳恩瓦尔德后来说，达尔西弄虚作假被人抓住一次以后，再犯的可能性就"低得近乎零"。

达尔西在实验室留下了，继续作研究和发表论文，好像一切都很正常。在他做的实验中，有一个国立卫生研究院拨款 724 154 美元的项目。有 5 个月时间，一切都和往常一样。但是在 1981 年 10 月，国立卫生研究院一位官员告诉哈佛大学当局说，达尔西提交的数据有问题。这时他们才意识到，一个假造过一次实验结果的研究人员，是有可能受引诱而再犯的。

3 个月后，由哈佛医学院院长任命的一个特别委员会确认，为国立卫生研究院所作的研究含有"不寻常的、极为可疑的结果"。不仅如此，达尔西和另一个研究人员作的一项研究看上去也是"经过篡改的"。除了 5 月份那次舞弊外，达尔西对任何不端之举都矢口否认。主要由高级医学官员组成的这个特别委员会并不以为哈佛大学的同事们处理这件事的方式有什么不妥，尽管国立卫生研究院一位高级官员在电视上曾责备哈佛大学没有及时报告那次舞弊。[4] 到本书付印时为止*，也就是达尔西伪造数据被当场抓获一年以后，哈佛医学院当局仍未对他发表的文章中舞弊的严重程度作出估计和公开发表意见。

科学家们（如在戈尔委员会面前作证的那些人）如此坚信其科研的概念，甚至在有确凿的证据说明这种概念不对时，他们仍死抱着不放，人们不禁要问，这种概念究竟是什么呢？关于科研的通常概念有很大的迷惑力，因为它是建立在科研应该如何如何这样一整套极能吸引人

---

　　* 原书于 1982 年出版。——译者

的理想的基础上的。准确地说,它是一种意识形态,而且事实上假如它不含有某些真理,是不可能为科学家们广泛接受的。

传统的科学意识形态可归纳为三个方面:科学的认知结构;科研成果的可检验性;同行评议。

(1) 科学的认知结构

科学知识组织在一个多层次的体系中,哲学家称这一体系为科学的"认知结构"。首先要有事实,如植物学家在观察植物育种实验所产生的后代或物理学家在测量亚原子粒子的性质时所收集的。根据这些事实,科学家要设法提出一个猜想或假说,以解释这些事实的某种特性。假说必须用实验加以检验,而这样的实验最好能明确证明该假说成立不成立。假说和实验之间这种形成想法再加以检验的反复过程,是所谓科学方法(scientific method)的一个主要组成部分。

一种假说经过足够多次的证实,便可能带有定律的性质,例如万有引力定律或孟德尔遗传定律。因为定律能够预言并体现大量事实,所以在科学上是极受重视的原理。它们叙述自然界重要的规律性,但不一定能够解释它们所叙述的事实。化学物质按一定比例相互化合这条定律只是简单地指出了这种规律,并不能解释其所以然。要作出解释,则需要进入更深一层的结构,即所谓理论。

理论在科学上具有比在日常语言中更为庄严的含义。理论能解释大量的科学知识,包括定律和遵循这些定律的事实。当然,理论同它所解释的事实和定律是相符的,但同时,它又常常包含一些无法直接证明的东西。这些东西,或称推测成分,尽管尚未经过检验,却往往是一个理论的关键部分。物质的原子理论解释了道尔顿(John Dalton)的定比定律,但在这个理论产生时以及后来的一个长时间内,并没有直接的证据证明原子的存在。基因最初是在遗传学的理论中提出的,它们的物质特性经过很长时间才被人们发现。进化论是另一个因其巨大的解释能力而受到科学家高度重视的理论,但从某种意义上说,这种理论过于深奥,既无法直接证明,也无法直接否定。

科学的认知结构从大量可以观察到的事实延伸到体现这些事实的定律,再延伸到解释这些定律的理论。该结构的重要特征之一是它的灵活性。定律可以根据新的事实加以改变或修正,理论也可以随着思想上的革命而被推翻,代之以更好的而且往往是更全面的理论。科学知识的结构在不断扩大。它通过新的假说或理论性预见的产生,以及为充实其解释系统而对新的事实进行探索而不断发展。

(2) 科研成果的可检验性

科学研究是学者们通过探讨和验证彼此的工作而从事的一种公共活动。一个科学家必须通过一系列的考验,第一关就是通过"同行评议系统"(这将在后面专门谈到)申请研究经费。他必须在一份学术刊物上发表自己的研究结果,但发表前,刊物的编辑要把他的文章送交学术评审人,评审人要告诉编辑,该项工作是不是新的,是否对它所依靠的其他人的研究结果恰如其分地作了致谢,尤为重要的是,实验方法是否正确,讨论结果时立论有无问题。

这样,一项科研成果在发表前已经经过了两次对其可靠性的检查。当它一旦公布于科学文献之中,还要经历第三次也是更严格的一次考验,那就是重复实验。一个科学家在宣布自己有新发现时,必须让别人能够验证自己的成果。因此,一个研究人员在叙述一项实验时,必须列出所用的设备和实验程序,就像厨师的配菜单一样。这项新发现越是重要,其他研究人员就会越快地想在自己的实验里重复这项工作。

因此,科学知识区别于其他知识之处,就在于它是可检验的。它是由一大批学者生产出来的,这些学者们不断在检查彼此的工作,剔除那些不可靠的东西，充实经过验证的成果。科学研究就是一大批学者生产可验证知识的活动。

（3）同行评议

大学的科研主要是靠基础研究的最大后台——联邦政府——资助的。政府确定用于各个领域的总的经费数额，但哪些人应该拿到钱，还是要靠科学家组成的委员会来决定。这些对政府机构起咨询作用的委员会构成了"同行评议系统"（peer review system）。这些委员会都由某一领域的同行专家组成，由他们来审定其同行们提出的详细的经费申请报告有多大价值。根据同行评议委员会的决定，经费被拨给那些想法最好而且最有可能实现这些想法的人。

以上就是构成当前盛行的科学意识形态的一整套设想和准则。这是科学研究应该而且在一定程度上确实也在遵循的路子。总的说来，科学家们被这种意识形态束缚得太死，他们看不到任何偏离这种意识形态的严重程度。但这种意识形态并没有很好地说明科学研究在实践中是怎样进行的。它主要产生于哲学家对科研活动的研究，同时也有历史学家和社会学家的工作。这些专家们只看到科研中他们从各自专业出发特别感兴趣的那些特点和理想性的东西，而对其他东西则一概视而不见。简而言之，哲学家们只是大书特书科研的逻辑性，社会学家们只关心科研行为的"规范"（norms），而历史学家们主要热衷于表现科学的进步和理性战胜迷信的令人振奋的胜利。

通常的科学意识形态是根据这三门学科的发现绘成一幅综合图画。但由于每个学科都是从自己观察的角度和理想来描绘科研的，所以这幅图画也就理所当然地多少带有片面性和理想化。这就是为什么在这幅图画中漏掉了科研舞弊以及科研过程许多其他重要方面的原因。

通常的意识形态最荒谬之处,在于它只注意科研的过程而不关心科研人员的动机和需要。科学家同其他人没有什么两样。当他们在实验室门口穿上白大褂时,他们并没有摆脱其他行业的人们所具有的感情、奢望和弱点。现代科研是一项职业,其进身之阶就是发表在科学文献上的文章。要获得成功,一个研究人员必须使自己的文章尽可能多地得到发表,确保能拿到政府的资助,建立自己的实验室,创造条件招收研究生,增加发表论文的篇数,争取在一所大学拿到终身职位,撰写可能引起科学奖评选机构注意的文章,当选美国科学院院士,并希望有朝一日被邀请去斯德哥尔摩。*

不仅在现代科研中存在着力争向上爬的压力,而且制度本身对真正的成就和表面上的成功都起鼓励的作用。大学可能只凭研究人员发表的论文数量就授给他终身职位,而不考虑这些文章的质量如何。一个实验室主管因为手下有一批年轻能干的科研人员替他干活,就可以代他们受奖,好像那些人都属于他个人一样。这种行赏不公的现象虽不能说十分普遍,但却足以鼓励某种显然是玩世不恭的态度。

正是在这种玩世不恭的气氛下面,一个科学家可能会先去考虑他过去想都不敢想的事:修饰他所报告的研究结果。当然,在科研中舞弊就是抛弃一个科研人员追求真理的根本宗旨。所以这是一个非同小可的行动,采取这样的行动,不可能不会认真想过实验室中人们广泛所持的态度、道德标准,以及被抓获的可能。

人们常常以为"科研舞弊"(scientific fraud)指的是全盘编造数据。其实这样的编造几乎可以肯定地说是极为罕见的。编造科研数据的那些人很可能是从修改原始实验结果这类罪行轻得多的小事开始做并且得手的。修改数据这种似乎微不足道的小事——例如使实验结果比实

---

* 指被授予诺贝尔奖。——译者

际情况显得更带一点新意和肯定性,或在发表时只取"最佳"数据而舍弃那些不合自己口味的数据——在科研中大概并非少见。但是,这种"小修小改"同凭空编造整个实验结果之间只是在程度上有差别而已。

从大大小小的舞弊行为到自我欺骗(这种现象在各学科中都相当普遍),人们可以画一条连续的谱线。当然,舞弊是故意的行动,而自我欺骗是无意的行动,但在这二者之间,很可能还有一类行为,对当事者本人来说,其动机也是含混不清的。本书之所以把自我欺骗的案例也收录进来,是因为这些案例和明知故犯的错误一样,同样也是对科研的自我纠正机制的考验。

科研在这里被看作一个整体,也就是说,在各个不同学科之间没有明确的界线。我们不相信物理学家、生物学家、社会学家从事各自工作的方式有什么重大区别。他们都遵循科学的方法,为着同一个目标;他们的区别只是研究的对象不同。对舞弊的研究,可以使人们看到所有科学家的所作所为;不过,在"硬"科学(即与数学关系较密切的物理学等学科)中,舞弊的事似乎较少发生。数学的严密逻辑结构确实可以杜绝作假,所以,高度数学化的学科对舞弊行为具有某种内在的防御能力。在从硬科学到软科学,从物理学到社会学的整个过渡带,中心位置很可能为生物学所占据,在这门学科中,舞弊现象绝不罕见。而生物学和医学又是舞弊对人们生活影响最直接的学科。

在科研的结构中,到底是什么东西为舞弊行为创造了条件?在科研的社会学中,究竟是什么东西使舞弊具有诱惑力而且常常令人觉得有利可图?一个经过长时间训练而成为科学家的人怎么会想到要伪造数据?这些问题的答案向我们描绘了一幅与通常理念大相径庭的关于科研的图画。

◇ 第二章

历史上的欺骗

"通过实验科学，我们终于得以了解所有这些有关自然界的事实，战胜了黑暗与愚昧，从而对星体进行了分类，估算出了它们的质量、成分、距离和运动速度；对生物界进行了分类，揭示了它们的遗传关系……实验科学的这些伟大成就是由这样一些人取得的……[他们]只有以下几个共同点：他们诚实，确实做了他们所记录的观察，并用一种让别人也能重复其实验或观察的方式发表自己的工作结果。"

以上是《伯克利物理学教程》(*The Berkeley Physics Course*)中的一段话，这是一部影响很大的教科书，全美国都在用它向大学生们灌输现代物理学的主要内容和传统。[1] 然而，正像非科学信仰体系(nonscientific systems of belief)的情形一样，强调最甚的东西往往最缺乏事实方面的可靠性。历史上的伟大科学家并不都那么诚实，他们实际上得到的实验结果也并非像他们报道的那样。

• 托勒密(Claudius Ptolemy)* 以"古代最伟大的天文学家"著称于世，但他大部分的观察不是夜间在埃及沿海进行的，而是白天在亚历山大的图书馆里看中了一位希腊天文学家的著作，把他的工作掠为己有

---

* 亦译"托勒玫"。——译者

后搞出来的。

• 伽利略(Galileo Galilei)因坚持真理的标准是实验而不是亚里士多德(Aristotle)的著作,常被誉为近代科学方法的创始人。但这位17世纪意大利物理学家的同行们却很难重复做出他的结果,他们怀疑某些实验他是否真的做过。

• 艾萨克·牛顿(Isaac Newton)——这位提出万有引力定律的神童,为了使他的工作显得更有预见性,曾在他的大作中用一个站不住脚的虚假因素作为根据。

• 道尔顿是19世纪一位伟大的化学家,他发现了许多化合反应的规律,并证明了不同类型原子的存在,但他发表的漂亮结果,现在的化学家没有一个人能够重复作出。

• 奥地利神甫孟德尔(Gregor Mendel)是遗传学的创始人,但在他发表的关于豌豆研究的论文中,统计数字因过于完美而失去了真实性。

• 美国物理学家密立根(Robert Millikan)因首先测出电子的电荷而获得诺贝尔奖。但他为了使自己的实验结果更令人信服,大量篡改了自己的工作内容。

实验科学建立在一个自相矛盾的基础上。它原来的宗旨是要以经过客观肯定的事实作为检验真理的标准。但科学研究的学术乐趣不在于枯燥无味的事实,而在于能够解释这些事实的思想和理论。教科书鼓吹事实至上,在其说理中多少有点宣传的味道。发现事实实际上并不如研究出一种能解释这些事实的理论或定律那样受到重视,这种现象本身就带有某种怂恿。为了对错综复杂的自然界作出某种解释并抢先完成这一步,有时一个科学家不禁会糟蹋事实,以便使自己的理论显得更有说服力。

不搞科学的人很难理解,一项发现的优先权(priority)对科研人员来说是极端重要的。在科学上，只有原创(originality)，只有第一个发现了某种东西，才有荣誉。除了极罕见的例外，当第二名是没有什么好处的。未抢到优先权的发现是一个苦果。当同对手宣布的成果和具有竞争力的学说发生冲突时，一个科学家常常积极设法使自己的见解受人注意，使新的发现挂上自己的名字。

赢得荣誉和博取同行尊敬的欲望，对于几乎所有的科学家来说都是一个强大的动力。从科学最早的岁月开始，对名望的追求就一直伴随着为使自己的学说占上风而不惜对真理稍加"改进"以致凭空编造数据的念头。

生活在公元2世纪埃及亚历山大的托勒密是历史上最有影响的科学家之一。他综合了早期的天文学思想，提出了一个预报行星方位的系统。托勒密体系的中心思想是地球静止不动，太阳和其他行星按照大致圆形的轨道围绕着地球旋转。

托勒密的思想支配了人类的宇宙结构观长达1500年之久，远远超过了牛顿或爱因斯坦(Albert Einstein)。托勒密体系统治了从罗马帝国初期开始到文艺复兴末期结束的整个黑暗时代。中世纪希腊科学的卫士——阿拉伯的哲学家们——用希腊文中表示"最伟大"一义的词Almagest作为托勒密著作的书名(即《天文学大成》)。他逐渐被看作古代世界最杰出的天文学家。直至1543年哥白尼(Copernicus)提出了日心说，托勒密作为天文学界之王的长达1500年的统治才开始慢慢结束。然而，这个宇宙的巨人却是一个泥足巨人。

19世纪，当天文学家们重新审查托勒密的原始数据时，他们开始注意到一些奇怪的现象。根据行星现在方位所作的反计算表明，托勒密的许多观察都是错误的。即使按古代天文学的标准来看，误差也十分严重。加利福尼亚大学圣迭戈分校的天文学家罗林斯(Dennis Rawlins)根据内在的迹象认为，托勒密根本不是像他自称的那样进行观察，他的资料是从一个比他更早的曾编过古代最好的星表之一的罗得岛天文学家喜帕恰斯(Hipparchus)那里全盘偷来的。

喜帕恰斯进行观察的地方是罗得岛,纬度比亚历山大高5度。很自然,亚历山大能看见的南面星空有一个5度的区带在罗得岛上是看不见的。而托勒密在其星表中列出的1025颗星没有一颗属于这个5度的区带。而且,《天文学大成》列举的如何解出球体天文学问题的每一个实例,都只适合于与罗得岛同纬度的地方。"即使人们没能知道得更多,"罗林斯在一篇带讽刺的评论中说,"也可能会[像公元4世纪托勒密忠实的信徒、亚历山大的梯昂(Theon)那样]怀疑托勒密的那些例子是从喜帕恰斯那里抄来的。"[2]

托勒密这位古代大天文学家不仅有剽窃的嫌疑,他还被指责犯了科学界一桩更摩登的罪行——援引不是从自然界中取得,而是根据自己的理论臆造出来的数据来支持他的理论。他的主要指控人是约翰斯·霍普金斯大学应用物理实验室的罗伯特·牛顿(Robert Newton)。后者在《托勒密的罪行》(*The Crime of Claudius Ptolemy*)一书中精心收集了几十个例子,说明托勒密所报告的结果同这位亚历山大的圣人想要证明的东西一模一样,而同他通过观察应该得到的结果相去甚远。[3]一个很突出的例子是:托勒密自称在公元132年9月25日下午2时观察到一个秋分点。他强调说,自己是"极其认真地"测量这一现象的。但罗伯特·牛顿说,按照现代的星表所作的反计算表明,亚历山大的观察者应该比这早一天多(即在9月24日上午9点54分)看到这个秋分点。

托勒密在报告这个秋分点的日期时,是想证明喜帕恰斯所确定的年时间长度的精确性。早在278年以前,即公元前146年9月27日,喜帕恰斯也测量到一个秋分点。罗伯特·牛顿表明,如果喜帕恰斯计算的年时间长度(这个估算非常杰出,但并不很正确)乘以278,再加到喜帕恰斯观察到的秋分点上，所得的时间与托勒密报告的只有几分钟误差。换句话说，托勒密肯定是从他想要证明的结果回过头来推算的，他并没有独自进行过观察。

托勒密的辩护士们［如历史学家金格里奇（Owen Gingerich）］声称，现代学者们用当代科研程序的标准来要求托勒密是不公正的。然而，就是这位把托勒密颂为"古代最伟大的天文学家"的金格里奇，也不得不承认《天文学大成》中"有些数字显然是有问题的"。[4] 但他坚持说，托勒密只是选了最能支持其理论的数据加以发表，绝无欺骗的意思。不管托勒密的用心何在，到真相大白时，他借助喜帕恰斯的工作已经为自己赢得了将近2000年的荣誉。

按理说，科学区别于其他种类知识的特征是它必须依靠经验的证据，用自然界的事实来检验人的思想。但托勒密并不是唯一的玩忽职守的科学家；就连近代经验论之父伽利略也被怀疑报告过一些根本不可能得出他所说结果的实验。

提到伽利略，人们大概都会想到从比萨斜塔上让石块下落的那个耐心十足的研究者。那个故事很可能是个传说，但他体现了人们所说的伽利略有别于他的中世纪同时代人的品质，即他总是从大自然而不是亚里士多德的著作中寻求答案。伽利略因维护哥白尼的学说而遭到教会迫害，对他的审判被今天的科学教科书作为理智与迷信斗争的一堂英勇的实例课。这类教科书当然要突出伽利略的经验主义，否定其对手的教条主义。有一部教科书写道："自伽利略以后，证明一种理论正确与否的最终标准便是来自真实世界的证据。"[5] 这部教科书以褒扬的口气叙述了伽利略为了检验他的自由落体理论，是怎样耐心地测量一个铜球沿一长槽滚下所用的时间的：在"近百次反复的实验"中，伽利略发现测得的时间同他的定律是吻合的，没有任何"值得一提"的误差。

然而据历史学家科恩（I. Bernard Cohen）*说，伽利略的结论"只能说明他事先就下了多么大的决心，因为那样简陋的实验条件根本不可能产生一条精确的定律。其中的误差实际上相当大，当时一个名叫梅森（Père Mersenne）的研究人员怎么也做不出伽利略所说的结果，他甚至怀疑伽利略是否做过这种实验"。[6] 现在看来，伽利略凭借的不仅是他的实验技巧，还有他那宣传家的高超才能。[7]

伽利略喜欢进行"思想实验"，通过想象而不是观察得出结果。他在《关于两大世界体系的对话》（*Dialogue on the Two Great Systems of the World*）一书中曾谈到一个球从航行中的船桅上作落体运动的情况，当亚里士多德学派的辛普利西奥（Simplicio）问伽利略是否亲自做过这项试验时，伽利略回答说："没有，而且也没有必要，因为无需任何实验，我就知道必然如此，不会有其他情况。"

教科书把伽利略描绘成一个一丝不苟的实验家，学者们又在此基础上添枝加叶。据一部伽利略著作的译本说，他曾讲过这么一句话："在自然界中恐怕没有比运动更古老的东西了。关于运动，哲学家们已经写过许许多多大部头著作。但是，**我通过实验**发现了它的一些人们应该了解但迄今还没有人观察到或展示过的特性。"[8] 在意大利文原版中并没有"通过实验"这几个字，它们是译者加上去的，可见这位译者对伽利略如何行事有着强烈的先入之见。

科伊勒（Alexandre Koyré）等一些历史学家与这些教科书的作者不同，他们把伽利略看成是一个理想主义者而不是一个实验物理学家，看成是一个靠争论和巧辩说服他人相信其学术正确性的人。[9] 就伽利略来说，急于取胜的欲望显然引导他报告了按其所述根本就做不通的实

---

* 他历时 15 余年翻译的艾萨克·牛顿的《自然哲学的数学原理》，是该书自 1729 年以来的第一部完整英译本。——译者

验。这样,从西方实验科学的开始阶段起,对数据就存在一种模棱两可的态度。一方面,实验数据被当作真理的最终仲裁者;另一方面,事实在必要时又要服从理论,假如与理论不符,甚至可以加以歪曲。文艺复兴时期,西方实验科学就像盛开的鲜花,而伽利略篡改事实的恶习则是花蕾中的害虫。

对数据这种模棱两可态度的两个方面,在艾萨克·牛顿的著作中都得到了充分的体现。牛顿是物理学的奠基人,可能也是历史上最伟大的科学家。他在1687年发表的《自然哲学的数学原理》(The Principia,简称《原理》)一书中确立了近代科学的目标、方法和范围。但这位科学方法的典范并未使他在真的实验结果未能赢得人们对其理论的支持时不去搞假数据。《原理》一书在欧洲大陆受到了一定的抵制,尤其在德国,牛顿的论敌莱布尼茨(Leibniz)因其哲学体系和前者的万有引力学说相抵触,组织了一些人进行反对。为了使《原理》一书更具说服力,牛顿在这部著作后来的几版中,修改了某些支持性测量数据的精确性。据历史学家韦斯特福尔(Richard S. Westfall)说,牛顿"调整"了他关于声速和二分点岁差的计算,修改了其万有引力理论中一种变量的关系,以便使它同理论正好吻合。在这部著作的最后一版中,牛顿指出其精确度优于1/1000,公然宣称达到了以往只有在天文学领域才能观察到的精确度。韦斯特福尔说,这一捏造的因子是"庄重的牛顿以空前绝后的技巧搞出来的"。

高尚的原则和低劣的实践这二者的脱节实在是无法再严重了。正像牛顿这样一位名人居然会弄虚作假一样令人惊异,更让人吃惊的是他的同时代人竟无一人知道他舞弊的全部情况。牛顿用编造的数据作为辩论的法宝,就连对他的观点持怀疑态度的人都被他制服了。一直过了250多年,他篡改数据的事才全部被揭露出来。正如韦斯特福尔所评论的:"[牛顿]提出作为真理标准的精确关系以后,只关心把它推出了事,而不管它是通过什么手段得到的。《原理》一书的说服力丝毫不在于它蓄意超出合法程度而宣称的精确度。如果说《原理》确定了近代科学的定量模式,那么,它同样也告诉人们一个不太光彩的真相:没有人能像这位数学大师那样有效地玩弄捏造的因素。"[10]

牛顿玩弄手腕显然还不只是在伪造数据方面。他利用自己的英国最高科学团体皇家学会会长的地位,同莱布尼茨争夺微积分的发明优先权。牛顿所作所为的可耻之处就在于他的虚伪,他口头上赞成公正的程序,而实际做的却恰恰相反。[11] 1712年皇家学会一份关于微积分优先权问题的报告的序言宣称,一个法官如果"同意任何人当他自己的证人",他就不是一个公正的法官。这份报告表面上是由一个不偏不倚的科学家委员会写的,但它完全是维护牛顿的立场,甚至指责莱布尼茨有剽窃行为。事实上,包括道貌岸然的序言在内的整个报告,都出自牛顿本人的手笔。历史学家们现在相信,莱布尼茨发明微积分同牛顿毫无关系。

有牛顿开了头,再看到其他科学家以嘲弄科学方法的手段利用真理去支持自己的学说,也许就不足为怪了。历史学家们对19世纪初化学界的大人物、物质原子说的创始人道尔顿所做的实验提出了大量的疑问。道尔顿根据他关于每种元素都由其自己的原子组成的观点,提出了他的倍比定律。该定律认为,当两种元素组成一种化合物时,因为其中一种元素的原子以一个整数(1,2,3,等等)与另一种元素原子化合,所以它们在该化合物中的比例是固定的。道尔顿以他对氮的氧化物的研究作为这个定律的主要证据,表明氧只能按某种固定的比率同一定量的氮化合。

现代的探究对道尔顿的数据提出了若干疑问。例如,历史学家们现在肯定,道尔顿是首先推想出这个定律,然后为了证明它才做的实验。[12] 又例如,他似乎对数据作了筛选,只发表了那些"最佳"的也就是支持其理论的结果。他那些最佳结果根本是很难重复做出的。历史学家帕廷顿（J. R. Partington）说："根据我的实验，我相信，在水上面把氧化氮与空气相混合，几乎不可能得出这些简单的比率。"[13]

科学家对数据所持的这种为我所用的态度在19世纪曾经普遍流行。1830年，一种计算机器的发明人巴贝奇（Charles Babbage）在一篇论文中专门描述了这一现象。他在《关于英国科学衰落的思考》（*Reflections on the Decline of Science in England*）一书中对当时盛行的各种舞弊方式进行了归类。[14]他写道："修剪，是把观察结果中超出平均值过大的部分剪掉，再贴补到那些比平均值小得太多的数据中去。"巴贝奇虽然不赞成这种做法，但他发现，这样做也许比其他舞弊手段还好些。"原因是，修剪者的观察数据不管是否修剪过，其平均值还是一样的。他的目的是要得到一个观察精确的好名声；但从对真理的尊重来看，或从长远的考虑来看，他还没有歪曲他从自然界所取得的事实的基本状况。"

在巴贝奇看来，比修剪要坏的是他所说的"炒菜"，也就是人们所说的选择性报告。巴贝奇写道："炒菜是一种形式多样的艺术，其目的是使一般性的观察带有最高精确度的外表和特征。其花样众多的做法之一是进行大量的观察，从中只挑出那些一致的或者非常接近一致的结果。如果作了100次观察，这位厨师还挑不出15次或20次可以上桌的东西，那他一定是非常不幸的。"

巴贝奇写道：最恶劣的是那些凭空编造数据的科学家。"伪造者一心想在科学上出名，自己根本没做过的观察，也能写出来……幸而这种伪造的事发生得很少。"

随着19世纪科学家人数的增加，又出现了新的行骗花招。从竞争的狂热和沽名钓誉的搏斗中，衍生出了一种全新的科学犯罪，即避而不提一种新理论产生前别人所做的类似工作。鉴于首创在科学上的重要性，传统上要求一个科学家在发表文章时必须向在他之前做过这方面工作的人致谢。但即使是进化论的提出者达尔文（Charles Darwin），也被指控未能充分地向他以前的科研人员致谢。

据人类学家艾斯利（Loren Eiseley）说，达尔文剽窃了布莱思（Edward Blyth）的工作。布莱思是一位不太出名的英国动物学家，他在1835年和1837年发表的两篇文章中都论述了自然选择和进化。艾斯利列举了两者在措辞、罕用词的使用和选例上的雷同。艾斯利指出，达尔文在自己的文章中虽然有几处引过布莱思的话，但他没有提及那些直接论述自然选择的文章，尽管他显然读过这些文章。[15] 对这一说法，古生物学家古尔德（Stephen J. Gould）曾提出过异议。[16] 但批评达尔文在致谢问题上做法的并不只是艾斯利一人。当时一位尖刻的文人巴特勒（Samuel Butler）就指控达尔文避而不提那些曾提出和他的想法相类似的人。确实，当达尔文的《物种起源》（On the Origin of Species）1859年刚问世时，他对他的前人似乎只字未提。后来，该书1861年出第三版时加了一段"历史概述"，达尔文在里面点了一些以前的工作，但仍然没有谈多少细节。在屡遭攻击的情况下，他在以后的三版中增加了历史概述的内容，但仍不能使所有的批评者满意。1879年，巴特勒出版了一本题为《新老进化论》（Evolution Old and New）的书，他在书中指责达尔文故意贬低布丰（Buffon）、拉马克（Lamarck）以及达尔文自己的祖父伊拉兹马斯（Erasmus）关于生物进化的推论。达尔文的儿子弗朗西斯（Francis）说："这桩案子使我父亲十分痛苦，但他平素敬重的那些人给他的热心宽慰帮助他很快地把这件事置之脑后。"[17]

19世纪末达尔文进化论的旗手赫胥黎（Thomas Henry Huxley）在一封写给朋友的信中，有一段话很好地概括了这种名利逐鹿的复杂性[18]："你不知道在这个该死的科学界中钩心斗角的情况。我担心，科学并不比人类活动的任何其他领域更纯洁，尽管它本应那样。光有真水平没有什么用处，它必须靠手腕和世故作后盾才能真起作用。"不仅如此，正像达尔文自己所承认的,同行专家的一致意见也不是一个可有可无的因素[19]:"但愿我对现在或死后的虚名看得不这么重,不过我想,也不能太过分。"尽管艾斯利指责达尔文剽窃肯定有点言辞过激,但有一点还是很清楚的,即达尔文没有及时地肯定在他以前的人对进化论所作的贡献。

比一般触犯科学界规矩更严重的一个例子,是对现代生物学另一位顶梁柱孟德尔的指控。孟德尔通过培养植物,注意到某些性状的遗传是隔代进行的,从而发现了现在所说的基因。他对豌豆遗传的分析,使他发现了所谓的显性性状和隐性性状及其在后代中出现的比例。孟德尔通过多年艰苦实验而获得的高超见识,使他在20世纪获得了遗传科学创始人的声誉。

然而,由于孟德尔的数据极其精确,优秀的统计学家费希尔(Ronald A. Fisher)于1936年对他的实验方法作了仔细的考查。[20]孟德尔的实验结果实在好得太过头了,因而费希尔得出结论认为,除了艰苦的工作以外,其中一定还有别的名堂。他写道:"孟德尔的实验数据即使不是全部、至少也可以说大部分都是伪造的,目的是使它们同他所预期的结果完全吻合。"他颇留面子地总结说,孟德尔不可能对实验结果作这样的"调整",他一定是"被某个投其所好的助手骗了"。后来的一些查究这个问题的遗传学家则不那样宽容,他们认定孟德尔一定是为了达到最佳效果而有选择地取用数据。一位遗传学史专家写道:"人们从孟德尔本人的文章和费希尔所作的研究得出的印象是:孟德尔在做实验时,脑子里已经有了他的理论。他所说的那些规律很可能是根据他早在豌豆实验开始前就已形成的遗传颗粒观点推导出来的。"[21] 1966年,遗传学家赖特(Sewall Wright)在一篇简短但常被人引用的分析文章中提出,孟德尔唯一的过错在于当他记录带有不同性状的豌豆的情况时,有一种因为一心想获得预期结果而出错的并无恶意的倾向。赖特的结论是："恐怕只能得出这样的结论,他为了证明自己期待的东西而犯了偶然的、下意识的错误。"[22]

赖特为近代遗传学之父所作的开脱并没有普遍为人信服。范德沃尔登(B. L. van der Waerden)在1968年写道："另一种解释就是,孟德尔又做了一两个实验,而发表的只是那些与他的期望相符的结果。"但范德沃尔登似乎并不觉得这样做有什么过错:"我觉得许多非常诚实的科学家也会采取这样的做法。一个人只要掌握若干能够明确证明一种新理论的结果,他就会发表这些结果,把有疑问的东西撇到一边。"[23]

学究们可以对孟德尔不端行为的性质进行辩论,但如果下面这段未署名的评论还值得一看的话,就可以知道园艺家们对此早已有了定论。[24] 这篇题为《地球上的豌豆》(Peas on Earth)的文章发表在一家专业刊物上:"开始,是孟德尔一个人在那里默默地思考着。然后他说:'豌豆们出来吧。'果然,豌豆出来了,这很好。他把这些豌豆种在园子里,对它们说:'多多地、成倍地长吧,再各自按类分开。'豌豆们真的照办了,这也很好。现在,到了孟德尔收豌豆的时候,他把它们分成圆的和瘪的两种,把圆的叫作显性,瘪的叫作隐性,这也很不错。但这时孟德尔看到圆的有450粒,瘪的有102粒,这可不好,因为按照定律,每有一个瘪豌豆就应该有三个圆豌豆。孟德尔心想:'啊,这都是敌人搞的,他趁黑夜把坏豌豆种在我的园子里了。'于是,孟德尔狂怒地敲着桌子说:'你们这些该死的鬼豌豆,都给我滚开,滚到漆黑的外面让老鼠把你们吃掉。'嘿!果然灵验,这下子剩下了300粒圆豌豆,100粒瘪豌豆,很好!这真是非常非常的好。于是孟德尔将它发表了。"

由于孟德尔的许多原始数据已经不存在,所以,关于他究竟是有意还是无意地修饰观察结果的辩论,是不可能弄个水落石出的。对20世纪的科学家来说,把他们发表的文章同这些文章所依据的原始材料作一比较,则常常是容易做到的。这种比较之所以是必要的,是因为它常常能暴露出表面情况和实验室真实情况之间的严重不一致。正如生物学家梅达沃(Peter Medawar)所说:"只盯学术'论文'是没有用的,因为这些'论文'不仅隐瞒真相,而且在论述他们的工作时想尽办法讲歪理……只有未加修饰的证据才解决问题,那意味着要从锁眼里去看。"[25]

我们来考察一下美国物理学家密立根的案例。密立根因测定了电子的电荷而于1923年获得了诺贝尔奖。他是当时最著名的美国科学家,到他1953年去世为止,共荣获16种奖励和20种荣誉学位。此外,他还担任过胡佛(Hoover)总统和罗斯福(Franklin D. Roosevelt)总统的顾问以及美国科学促进会会长。仔细研究一下密立根的笔记本,可以发现,在他谋取学术名誉的方法中有一些异乎寻常的东西。

1910年,当密立根还是芝加哥大学一个名不见经传的教授时,他第一次发表了对电子电荷e的测量结果。测量的方法是把小滴液体放进一个电场,再测定使液滴保持悬浮状态所需的电场强度。这种测量难度很大,而且结果有相当大的差异。密立根严格按照传统上数据必须完全公开的要求,用打星号的方式把他做过的38次测量的质量分成从"最好"到"良好"几个等级,并注明了7次测量完全报废。

这种坦率态度并没有持续多久。密立根在测量电子电荷工作中的对手、奥地利维也纳大学的埃伦哈夫特(Felix Ehrenhaft)马上表示,密立根发表的测量结果的多变,实际上支持了埃伦哈夫特关于存在带有非整数电子电荷的亚电子的观点。密立根和埃伦哈夫特交上了火,科学界首屈一指的物理学家,如普朗克(Max Planck)、爱因斯坦、玻恩(Max Born)和薛定谔(Erwin Schrödinger)等,都参加了关于亚电子的讨论。

为了驳倒埃伦哈夫特,密立根于1913年发表了一篇文章,用大量新的而且更精确的结果证明电子只有一个电荷。他用着重字体强调指出:"这不是一组经过选择的液滴,而是在连续的60天里经过实验的所有液滴。"

从表面上看，密立根在同埃伦哈夫特的辩论中取得了辉煌的胜利，不容置疑地证明了他所测定的电子电荷是正确的——全凭数据准确的威力。但是，只要透过梅达沃所说的锁眼看一下，就可以知道实际情况大不相同。哈佛大学历史学家霍尔顿（Gerald Holton）查阅了密立根发表于1913年的那篇论文所依据的原始笔记本，发现了他在报告数据时有很大的水分。[26] 尽管密立根特别否认了这一点，但他确实是挑选了最好的数据加以发表的。在他笔记本中的原始观察记录旁写着许多诸如"漂亮。这个当然要发表，真漂亮！"以及"很低，有问题"之类的批注。他在1913年那篇文章中发表的58次观测，实际上是从140次观测中挑选出来的。他发表的第一次观测是1912年2月13日做的，即使从那天算起，也还有49个液滴的情况没有写在文章里。[27]

密立根丝毫不用担心他的欺骗行为会被揭露，因为正像霍尔顿指出的："这些笔记本属于私人科研的范围……因此，他是凭着一种电子电荷的理论和一种对每次实验的质量感来估价自己的数据的……他在写第一篇主要论文时，也就是在他还没有学会不再用星号公开注明其数据之前，正是这样做的。"

与此同时，在大西洋彼岸，埃伦哈夫特及其同事们则一丝不苟地把好的、坏的以及不好不坏的观察读数全部发表了出来。他们的实验结果无法证实电子电荷只有一个而且不能再分的说法。他们的观点同当时占优势的理论正好相反，而且就像霍尔顿指出的："在埃伦哈夫特看来，正是因为这个原因，他们的观点应被看作一个令人振奋的机会和挑战。与此相反，用密立根的话来说，对原始数据作这样一种解释，将迫使人们无视自然界一个已经十分明朗的基本事实，即 e 的整数特性。"

对密立根来说，这场战斗以他获得诺贝尔奖而告终（使他获奖的还有他关于光电效应的研究）；而对埃伦哈夫特来说，带来的则是绝望以及后来发生的精神崩溃。但是埃伦哈夫特拥有比密立根更精确的设备和更好的测量结果，他的功绩可能会被人们重新肯定。最近，斯坦福大学的物理学家们用类似的方法已经发现了存在一种亚电子电荷的证据。[28]

密立根和科学界其他为了使自己的理论压倒他人而不惜舞弊的巧手们的例子具有发人警醒的含义。科学史的本质决定了它往往只记载少数成功者的业绩，而忽视了大量的失败。如果历史上最成功的科学家都在用各种方法曲解其发现，那么，谁知道那些已被人们忘却了的人又搞了多少骗局呢？

历史表明，科学史上的舞弊比人们常常设想的要普遍得多。那些为了使其数据在他人看来显得更有说服力而篡改数据的人，肯定认为他们只不过是为了维护真理而作假。但在科研的历史上导致形形色色舞弊的真实动机似乎总是为真理的少，更多的成分是为了实现个人的野心和追求，即达尔文所说的"虚名"。艾萨克·牛顿想说服法国和德国那些对他的学说持怀疑态度的人。密立根谎报数据是为了击败一个对手，而不是使他的工作更好地体现科学准确性的理想。

到了20世纪，科学研究从一种爱好变成一种职业的发展过程已经基本完成。伽利略曾得到图斯察尼公爵（Duke of Tuscany）的慷慨支持。达尔文出生于富有的达尔文和韦奇伍德（Wedgwood）家族，从不用考虑通过科学研究发财。孟德尔进了布尔诺的奥古斯丁修道院后，一直无忧无虑地从事研究，从不为钱发愁。到了20世纪，购置仪器和雇用技术人员需要大量开支，已使科研成为业余爱好者几乎完全不敢问津的活动。把渴望认识自然与增加个人收入截然分开的传统已被远远抛弃。现在几乎所有的科学家都把科研作为一种职业，这种职业也是他们收入的来源。无论是由政府还是由工业界支持，他们所处的职业结构都鼓励他们拿出实实在在的而且往往在短期内就能取得的成果。今天，没有几个科学家能够等待子孙后代来判断自己的工作；如果看不出他们能够马上和不断地取得成果,他们所在的大学可以拒绝聘用他们担任终身职务,联邦政府的资助和合同就会很快中断。

如果说科学史上的杰出人物有时也会为个人的功名而歪曲实验数据的话,那么,对当代的科学家来说,这种诱惑力就会更大。一种观点、一种理论或一项技术能否得到承认,不仅决定着个人的声誉,而且决定着职业上的好处。往往做一点小小的手脚,就可以得到更大程度的承认。对数据稍加"修饰",使结果显得更为明确,只选用"最佳"数据加以发表——所有这些似乎可以原谅的小调整,都可能有助于一篇论文得以发表,使一个人出名,被邀请参加某家刊物的编委会,拿到政府的下一笔资助,或得到一项光彩炫目的奖励。

总之,职业野心的压力很大,而且是漫无休止的。毫无疑义,有许多科学家不愿意让这些压力来损害自己的工作。但对那些甘心这样做的人,靠虚假成果换来的好处是相当大的,而受惩罚的机会却很小。职业野心的引诱,以及对舞弊者完全缺乏一种有效的威慑手段,在阿尔萨布蒂(Elias A. K. Alsabti)这个与众不同的20世纪科学家那昙花一现的学术生涯中得到了形象的体现。

◇ 第三章

野心家的崛起

　　阿尔萨布蒂作案的地方是美国第一流的科研机构，其手段是选择一些极少被人问津的刊物无所顾忌地发表偷来的文章。像其他许多科学家一样，他的目标是通过编出一长串著作目录来不断追求名利，因为学术论文是发迹的本钱。结果，行窃3年后，由于他的轻率和明目张胆的逐字逐句剽窃，他终于垮了台。[1] 假如他干得再狡猾一点的话，也许是绝不会被人发觉的。

　　阿尔萨布蒂事件不仅暴露了研究机构内部的职业野心趋势，而且也使人们看清了当代科学基本的内部机制。要是科学界真的严格实行自我管制，任何行为不轨者都会自动受到立即开除的惩罚的话，阿尔萨布蒂事件是不会发生的。但是，甚至当他的手法暴露以后，同行的研究人员还是不愿意把他的欺骗行为公之于众。阿尔萨布蒂获准悄悄地离开，他可以在别的实验室重找一份工作，故技还可以再重演。只是在少数几家国际性杂志揭露了阿尔萨布蒂的手法以后，这位中东剽窃者的生涯才告结束。

　　这位具有双学士学位（医学和外科学）的阿尔萨布蒂给人的第一个感觉是，除了科学事业外，这个人一生中想要追求的东西都已经有了。他有钱，有势，还有一个敏捷的头脑。他自称与约旦王室有血缘关系。在那些与他共事的人的眼里，这位年方23岁的医生好像受到了真主的青睐。1977年他来到美国读医学研究生,约旦国王侯赛因(King Hussein)的兄弟哈桑王储(Prince Hassan)给他提供资助。除了运气好以外,阿尔萨布蒂工作十分努力,学业上很快达到较高水平。在获得免疫学博士学位和成为11个科学学会会员的同时,阿尔萨布蒂还在美国一家又一家研究机构,包括世界闻名的得克萨斯州休斯敦MD安德森医院和肿瘤研究所工作。他发表了60篇论文。许多论文所用的地址是约旦安曼皇家科学会。阿尔萨布蒂曾向美国的几位同事暗示过,回约旦后他将被任命为一个颇具声望的癌症研究所所长。当时,他上下班都是开一辆黄色的凯迪拉克牌小轿车。

阿尔萨布蒂在事业上为什么要选择这条独特的路呢?"关于阿尔萨布蒂,有三样东西必须记住,"休斯敦一位曾经与他共事5个月的医学教授马夫里吉特(Giora Mavligit)说,"他很聪明,有抱负,并且非常有钱。他根本不需要钱。当这三样东西都齐备时,一个人唯一期望的就只是出名了。"

阿尔萨布蒂出生在离波斯湾约75英里*的一个伊拉克港口城市——巴士拉。1971年,17岁的阿尔萨布蒂进入巴士拉医学院学习。当时伊拉克实行的社会化医学教育计划要求学生在校学习6年,在军队服役1年,再在政府卫生部门工作6年。到30岁时,阿尔萨布蒂就可以在伊拉克某个小城镇自由执业了。但是,巴士拉医学院的闭塞和短时间社会化医学教育的孤陋寡闻,与他想干一番大事业的抱负显然很不相称。1975年,他向政府报告称他发明了检查某些癌症的新的试验方法。由阿拉伯复兴社会党控制的伊拉克政府对阿尔萨布蒂的话未作什么核实,便把他送到首都巴格达,录取他为当地医学院五年级的学生,并拨款给他建立实验室,让他进一步研究他那神奇的检查方法。出

---

*1英里约为1.6千米。——译者

于对执政党政治上的恭维,阿尔萨布蒂把他的实验室命名为复兴特种蛋白质实验室。政府也把阿尔萨布蒂当作这个国家复兴主义革命新秩序的一个样板加以宣扬。

但是,阿尔萨布蒂无论是在实验室的工作,还是在医学院的学习,都没有取得多大进展。到了第6年,阿尔萨布蒂凭借着他那个以执政党的钱和名义维持的实验室的权力,放弃了学习而设法赚钱。为了招揽癌症患者前来治疗和试验他的癌症检查方法,阿尔萨布蒂常常以复兴实验室主任的身份奔波于巴格达以外的各个工厂,对工人们收费进行癌症普查。阿尔萨布蒂把他所谓的癌症检查方法称为贝克尔法,这是以当时伊拉克总统艾哈迈德·哈桑·贝克尔(Ahmed Hassan Al-Bakr)的名字命名的。但是,据一位熟悉情况的前伊拉克官员说,阿尔萨布蒂只知道往自己的腰包里塞钱,对采来的血样从未做过一次临床试验或科研工作。

在一个医学社会化的国家里,一个由政府资助的实验室收费进行医学试验,这是极不寻常的。很快,针对阿尔萨布蒂的投诉就纷纷送到了卫生部。然而,等到调查时,才发现阿尔萨布蒂渺无踪影了。最后出动了警察,但已为时太晚。到1977年2月,阿尔萨布蒂已经逃离了这个国家。

阿尔萨布蒂开始了神话般的医学探险,他穿过了沙特阿拉伯大沙漠,来到了约旦。起初,安曼当局对阿尔萨布蒂的话半信半疑,但显然阿尔萨布蒂很快又有了进展,这与他讲到自己在伊拉克所受到的"政治迫害"有很大关系,因为当时伊拉克和约旦的关系很糟,鉴于阿尔萨布蒂自称在癌症方面取得了某种突破,哈桑王储办公室多次派阿尔萨布蒂参加国际会议,为他提供机会接触约旦高级官员,并让他在首都安曼全国第一流的医学设施侯赛因国王医学中心工作。由于他自称在伊拉克巴士拉医学院获得过学位,所以他以住院医生的身份工作,并治疗癌症患者。但是阿尔萨布蒂仍不知足,他想去他梦寐以求的癌症研究圣地——美国,并且最终说服了约旦政府。

"我是在布鲁塞尔一次国际会议上遇见阿尔萨布蒂的,"1977年在费城坦普尔大学医学院任教的微生物学家弗里德曼(Herman Friedman)说,"他是一个个子高高的小伙子,身着一套白色西服。他从听众席走出来自我介绍说是从巴格达来的医学博士,并说约旦政府正准备资助他到美国读博士学位,他愿意在我手下工作。"

回到美国后,弗里德曼就把阿尔萨布蒂的事忘了。1977年9月,这位未来的医生手持旅行签证突然出现在他面前,摆出一副准备开始工作的样子。原来阿尔萨布蒂冒用了弗里德曼的名字直接与坦普尔大学的行政官员进行了联系。尽管阿尔萨布蒂的到来出人意料,但是,他还是被作为一个无报酬志愿人员留在弗里德曼的实验室工作,在他未交出医学证书之前,还可以作为一个不拿学位的研究生在那里上课。阿尔萨布蒂并没有一心一意扑在工作上。他租了一套弗里德曼所说的"鬼混公寓",与一位实验室助手开始在那里幽会。就这样过了一个月。"一天,他来到我的办公室,给我看一篇他正在写的论文——'在约旦治疗白血病的新疫苗'。他说他曾给150名患者进行了接种,从而使他们避免了死亡。但这种疫苗还是一个秘密,他只观察了6个月,而白血病患者存活的时间远不止6个月。我问他用的什么方法,他说是技术员做的。当我提问了一些有关科学的严肃问题时,显然他一无所知。"不久,阿尔萨布蒂便得到了要他离开实验室的通知。坦普尔大学微生物学系主任在几经催促而阿尔萨布蒂却交不出医学证书副本的情况下,通知他停止上课。系主任同时也给1977年夏末和秋季代阿尔萨布蒂与坦普尔大学联系的两位约旦大臣写了信,把阿尔萨布蒂败露的事告诉他们。这两位大臣都道了歉。

就在此时,阿尔萨布蒂又来到费城杰斐逊医学院微生物学家惠洛克（E. Frederick Wheelock）的实验室。惠洛克为阿尔萨布蒂感到惋惜。阿尔萨布蒂毕竟是一个与约旦王室有血缘关系的年轻有为的学生，只是在适应一个新国家时遇到了困难。惠洛克觉得阿尔萨布蒂在坦普尔大学未能得到公正的机会。"我试图和他交朋友，甚至想让他参加这里的临床肿瘤学研究工作，"惠洛克说。阿尔萨布蒂同时也在惠洛克的实验室工作，对这一友好的举动，约旦当局表示乐于提供资助。1978年1月31日，惠洛克致信约旦王储办公室简单介绍了阿尔萨布蒂取得的进步，并说："根据阿尔萨布蒂的要求，我已对他下一年的研究经费作了一个初步的估计，这笔费用为 10 000 美元，主要为阿尔萨布蒂购买和喂养他实验中用来培养癌细胞的小鼠。"

在杰斐逊医学院，阿尔萨布蒂当真开始为实现他学术上的幻想而下功夫了。他被好几个学会接纳为会员。在给费城美国医师学院的申请书中，阿尔萨布蒂写到，他的目标和兴趣包括接受"肿瘤学领域的高级训练"，以便最终回到中东"领导约旦癌症学会"。在申请书中他还无中生有地说，他目前正在杰斐逊医学院做博士后阶段的工作。他确曾向杰斐逊医学院申请过做博士研究生，但该学院的官员认为他不是一个"合适"的人选。而且，表明他不合适的证据越来越多。"我们发现他在实验室基本上什么都不会做。"杰斐逊医学院微生物系主任谢德勒（Russell W. Schaedler）说。有位研究人员指出："他不知道怎样给小鼠注射，也不知道怎样使用闪烁计数器。"

1978年4月，也就是阿尔萨布蒂来到杰斐逊医学院的5个月以后，他终于败露了。两位年轻的研究人员说，他们可以证明阿尔萨布蒂在篡改数据。惠洛克把阿尔萨布蒂叫到办公室，4个人一起进行对证。"证据很充分，"惠洛克说，"会议结束后，我告诉阿尔萨布蒂，要他从第二天起不要再来上班。"

惠洛克没有想到，阿尔萨布蒂在离开实验室时，拿走了一份填好的经费申请报告的复印件和一些文稿。

在阿尔萨布蒂转到其他学术单位工作的两年后,惠洛克实验室一位细心的研究生发现,阿尔萨布蒂在一家捷克斯洛伐克杂志上发表的一篇文章,与他在一家不起眼的美国杂志上发表的另一篇文章几乎一字不差。这位学生还指出,这些文章都是阿尔萨布蒂从惠洛克那里偷去的论文上逐字抄录整理出来的。[2]惠洛克在盛怒之下给阿尔萨布蒂写了一封言辞激烈的信,要求他对材料来源发表一封公开信。否则,惠洛克说,他将给有名望的杂志写信揭露剽窃真相。

阿尔萨布蒂是怎样回答的呢?"你下的这些断语,"阿尔萨布蒂在1980年2月8日一封手书中写道,"是对我人格的侮辱,我要借此机会申明,我非常感谢在你的实验室工作期间,你在我身上花费的时间和精力。这个天大的误会使我迷惑不解,因为我根本无意剽窃你的工作。通篇文章中对你个人以及其他人的成就都作了说明。请让我提醒你,我们争议的这篇文章是一篇评论文章,既是评论文章,就允许作者综合各方面的材料。毫无疑问,在这种情况下,文章中如出现与别的文章相同的内容时,其功劳属于谁还是很清楚的。当然,如果你真的要写信在杂志上发表,我将被迫采取一切合法手段来保护我的利益。"在那篇剽窃文章后面的66条注释中,惠洛克被提到过两次。

以后几个月的事实表明,许多科学家在谴责可疑同行的行为或动机时,态度是暧昧的。但是在这一点上,科学的精神气质(ethos of science)应该说是毫不含糊的:任何被查明是假的或不诚实的实验结果都必须撤销,以免其他科学家可能依靠这些结果误入歧途和白花功夫。有时研究人员因为怕丢面子或有损名誉而不愿意发表撤文启事。阿尔萨布蒂事件的离奇之处就在于,科学的主要把关人——科学期刊的编辑们——竟异乎寻常地不愿尽自己义不容辞的职责。

惠洛克给《自然》(Nature)、《科学》、《柳叶刀》(The Lancet)和《美国

医学会杂志》(*Journal of the American Medical Association*)这4家有影响的杂志写了信,说明了剽窃的真相,并告诫研究人员说,他们将来也会遇到同样的事情。这4家杂志都考虑要发表惠洛克的信,有的还组织高级人员进行了审议,但最后几乎又都认为这是惠洛克和阿尔萨布蒂个人之间的事情。唯有《柳叶刀》杂志是个例外,于1980年4月12日发表了惠洛克的信。"有一个简单的办法可以防止将来再次发生这样的事件,"惠洛克在这封信中指出,"如果有人就他们从未发表过研究论文的课题写评论文章的话,杂志编辑在收到他们的文章时,就先查验他们的证书。只要鉴定文章中引证的个人通信和致谢,请文章中所提到的著名人物对该文作出评论,就可以做到这点。"

尽管阿尔萨布蒂在他的手书中曾威胁要诉诸法律,但惠洛克后来一直未听到过阿尔萨布蒂所聘律师的声音。

当时,还有进一步的证据表明,编辑们不愿意过问这种不光彩的事件。惠洛克曾给发表过阿尔萨布蒂文章的一家杂志的编委、癌症研究人员格伦德曼(Ekkehard Grundmann)写信,要求该杂志发表一篇撤销阿尔萨布蒂文章的声明。惠洛克于1980年3月和5月写了两次信,但均未有回音。当一位记者在西德给格伦德曼打电话询问时,他说:"我们从不刊登撤文声明,就是不那么做 。"一直到几家杂志的新闻栏目就阿尔萨布蒂事件展开了一场国际性的辩论以后,格伦德曼才发表了一则撤文声明。

不过这都是后来的事了,让我们再回到1978年。在惠洛克通知阿尔萨布蒂离开费城的实验室后,这位巡游院士经过一番准备之后,又钻进了得克萨斯州的高等院校。阿尔萨布蒂与曾在费城幽会过的、弗里德曼实验室的那个女人结了婚。这个行动不仅给阿尔萨布蒂带来了家庭责任,而且也使他有可能比较容易地去对付美国移民局的官员。

屡次行骗的阿尔萨布蒂是怎么得以一步又一步地登上高等科研机

构的呢？那些知情人对公开他们所知道的阿尔萨布蒂的欺骗行为持暧昧态度固然是一个因素，但阿尔萨布蒂本人的口才和通晓人情世故也不能忽视。"这个人对整个体制非常熟悉，"休斯敦 MD 安德森医院一位当过阿尔萨布蒂 5 个月老板的医学教授马夫里吉特说，"他走上层，直接找院长。"克拉克(Lee Clark)是当时 MD 安德森医院的院长，阿尔萨布蒂把约旦武装部队军医局局长哈南尼(David Hanania)少将写的介绍信给克拉克院长看，信中说阿尔萨布蒂现正在美国接受博士后医学教育。1978 年 9 月，阿尔萨布蒂作为一名无报酬志愿人员被安排在马夫里吉特的实验室工作。

在这段时间里，阿尔萨布蒂简直就像一家生产论文的工厂。每个月都有阿尔萨布蒂的一大批文章在全世界的各种杂志上发表。他的方法很简单。他把别人发表过的论文用打字机重新打一遍，把原作者的名字换成自己的名字，然后就把这稿子寄到一家不引人注目的杂志发表。他的这个手法瞒过了世界各地几十种科学杂志的编辑。发表过阿尔萨布蒂文章的杂志有：《癌症研究和临床肿瘤学杂志》(*Journal of Cancer Research and Clinical Oncology*)、《日本试验医学杂志》(*Japanese Journal of Experimental Medicne*)、《肿瘤》(*Neoplasma*)、《欧洲外科学研究》(*European Surgical Research*)、《肿瘤学》(*Oncology*)、《国际泌尿学》(*Urologia Internationalis*)、《临床血液学和肿瘤学杂志》(*Journal of Clinical Hematology and Oncology*)、《肿瘤研究》(*Tumor Research*)、《外科肿瘤学杂志》(*Journal of Surgical Oncology*)、《妇科肿瘤学》(*Gynecologic Oncology*)、《英国泌尿学杂志》(*British Journal of Urology*)和《日本医学科学和生物学杂志》(*Japanese Journal of Medical Science and Biology*)。

上述杂志大部分是不引人注意的，因此这类剽窃案很难得到追查。论文被盗的那些作者从来看不到阿尔萨布蒂的剽窃品，因而事情就变得无声无息。然而，在 MD 安德森医院又发生了一桩明显的剽窃案。在一个相隔很远的实验室工作的一位观察力敏锐的作者推断出阿尔萨布蒂行骗的一些手法。这个案件涉及一篇寄给MD安德森医院一位研究人员作发表前审阅的论文。[3]那家杂志的编辑没有想到,这位名叫戈特利布(Jeffrey Gottlieb)的研究人员已于1975年7月逝世,根本不可能审阅这篇论文。从《欧洲癌症杂志》(*European Journal of Cancer*)社寄出的这篇手稿在邮箱里躺着,直到有一天被阿尔萨布蒂捡走,经过一番改头换面,加上自己的名字和另外两位虚构的合作者的名字加利卜(Omar Naser Ghalib)和萨利姆(Mohammed Hamid Salem)以后,寄给了日本一家小杂志社发表。被阿尔萨布蒂剽窃的那篇论文原文还未来得及付印,《日本医学科学和生物学杂志》就发表了阿尔萨布蒂的剽窃文章。

"当我第一次看到日本杂志上的那篇文章时,我情绪低落了一个星期,"论文的真正作者、当时的堪萨斯大学博士研究生威尔达(Daniel Wierda)说,"我不知道该怎么办。"因为阿尔萨布蒂的论文先发表,所以威尔达害怕同事们会认为他的论文是从阿尔萨布蒂那里剽窃来的。威尔达给那家日本杂志写信说明了真相,并要求该杂志撤销那篇文章。又跟以前一样,直到阿尔萨布蒂事件在国际报刊上报道以后,撤文的事才提上了议事日程。

这起剽窃案的细节,说明了阿尔萨布蒂的手法,同时也证明通过文献来追踪他是根本不可能的。这两篇论文的内容基本相同,只不过威尔达的论文题目是《注射铂化合物后小鼠脾淋巴细胞有丝分裂受到的抑制》(Suppression of Spleen Lymphocyte Mitogenesis in Mice Injected with Platinum Compounds),而阿尔萨布蒂把它改为《铂化合物对小鼠淋巴细胞有丝分裂的影响》(Effect of Platinum Compounds on Murine Lymphocyte Mitogenesis。显然,根据阿尔萨布蒂的题目,用计算机不一定能够查出被他盗窃的论文作者的姓名。

但是,如果是一位目光敏锐的编辑,是可以发现阿尔萨布蒂行骗的线索的。例如,通过计算机查阅文献,杂志的编辑可以知道,许多像萨利赫(K. A. Saleh)和塔拉特(A. S. Talat)这样所谓与阿尔萨布蒂合作的作者,从来没有单独发表过论文,而总是只与阿尔萨布蒂合作,由此可以推测他们都是虚构的。另一条线索是阿尔萨布蒂论文的诞生地经常改变。单是1979年发表的论文,阿尔萨布蒂的地址就在来回变,一会儿是约旦皇家科学学会,一会儿又是伊拉克复兴特种蛋白质实验室,有时还用两处在美国、三处在英国的家庭住址。阿尔萨布蒂变得如此无所顾忌,如此深信编辑部审阅工作的无能,以致他有时根本就不用费心去考虑前后一致的问题。以在日本札幌出版的《肿瘤研究》为例,在同一卷中,就有阿尔萨布蒂的三篇文章。[4]第一篇,他用的单位是皇家科学学会,第二篇和第三篇,用的却是复兴特种蛋白质实验室。阿尔萨布蒂就是不用当时工作单位的地址,而他寄送剽窃文章时,用的却正是印有这个单位抬头的信纸。

这些线索并不足以提醒世界各地的杂志和编辑注意阿尔萨布蒂生产论文的欺骗实质。与在费城发生的情形一样,阿尔萨布蒂的伪装只是由于他身边一位同事的观察才得以戳穿。有一次在休斯敦,阿尔萨布蒂请马夫里吉特审阅他正在写的一篇论文。那天晚上马夫里吉特就把这篇论文带回家去看了。读着读着,马夫里吉特发现,有几句话正好证明这篇文章就是惠洛克的经费申请书,而阿尔萨布蒂忘了把这几句话删去。马夫里吉特拿着证实其怀疑的证据去找MD安德森医院的克拉克院长。1979年2月,阿尔萨布蒂被勒令离开了医院。

一份在1979年春季流传于休斯敦的阿尔萨布蒂的简历给人留下了相当深刻的印象。这位年仅24岁的才子,自称写过43篇科学论文,1976年以医学学士和化学学士毕业于巴士拉医学院,被11个专业学会接受为会员,而且还在英国、约旦、美国做过博士后研究工作。他把自己算作是已婚的,在“国籍”这一项中,他填的是“在美国永久居留”。在他这一时期发表的论文中,有的还魔术般地出现了"博士"的字样。

这一切给阿尔萨布蒂带来些什么呢?他拿着这份自吹已有大批论文发表的简历,向休斯敦贝勒医学院提出了好几个实习项目的申请,要不是一位细心的行政官员决定给MD安德森医院的马夫里吉特打电话查证一下这份使人吃惊的记录,他差一点就会被神经外科接受。"阿尔萨布蒂对这一套很了解,"马夫里吉特说,"他很清楚,谁也不愿第一个说:喂,这家伙是个骗子。"

但是,这份自我吹嘘的履历开始给阿尔萨布蒂带来了麻烦。在被贝勒医学院拒绝后,阿尔萨布蒂又受到了来自约旦方面的压力。阿尔萨布蒂的所作所为最终传到安曼后,哈桑王储中断了他的经费。阿尔萨布蒂与王室有血缘关系的说法是谈话中说的,完全可以当作无稽之谈扫进垃圾堆。最使约旦人恼火的是,阿尔萨布蒂发表的一篇很可能是剽窃来的论文中,竟然把约旦皇家医学服务中心主任、约旦武装部队军医局局长哈南尼少将也称作他的一位合作作者。约旦人说,哈南尼从来没有和阿尔萨布蒂合作写过任何论文。

至此,阿尔萨布蒂在1979年2月决定隐姓埋名,走一条更好混的道路。在仍无文凭的情况下,他向美国加勒比海大学提出了入学申请,这是想当医生但被美国医学院拒绝接受的人的最后一着棋。这所学校是一位名叫田树培(Paul S. Tien)的电机工程师开办的。阿尔萨布蒂没有去这所地处加勒比海蒙特塞拉特岛的学校上学,而是在休斯敦一家医院找了一份工作,并把他在临床值班的记录寄给了加勒比海大学的行政官员。在休斯敦的西南纪念医院里,阿尔萨布蒂和其他高年级医科学生一样地工作。这家医院雇用了一批医学院的学生,并设有一项归得克萨斯大学领导的家庭实习计划。医院的官员说,阿尔萨布蒂有极好的推荐书,对自己的情况的解释也很使人信服。阿尔萨布蒂告诉医学教育主任普吕斯纳(Harold Pruessner)说,他曾在伊拉克接受医学教育,但还未完成应履行的社会服务便被迫离开伊拉克而沦为政治难民。"我们被骗了,"普吕斯纳告诉一位记者说,"但如果有人认为他们不会受骗,那他们就错了。"

经过大约9个月的临床工作,阿尔萨布蒂于1980年5月乘飞机去蒙特塞拉特岛参加美国加勒比海大学的毕业典礼,终于获得了一个医学学位。

阿尔萨布蒂剽窃别人文章的活动,渐渐被那些曾经与他工作过的人看清了。在休斯敦,马夫里吉特收到了一家日本杂志的编辑写来的充满怒气的信。"我感到震惊,"这位编辑写道,"阿尔萨布蒂博士的这篇文章看上去简直就是吉田(Yoshida)等人文章的翻版。"阿尔萨布蒂剽窃了这篇1977年发表的文章,绕了半个地球寄给了瑞士《肿瘤学》杂志,并在1979年得到了发表。[5]

阿尔萨布蒂没有看到这些信,也没有意识到自己的名声正在和剽窃越连越紧,所以他仍在继续干。1980年6月,凭着加勒比海大学给他的文凭和一份自吹已有将近60篇论文的简历,阿尔萨布蒂被接受参加弗吉尼亚大学在罗阿诺克进行的一个医学实习项目。

但是,这位"约旦"剽窃者在美国各地的医学中心为所欲为的日子已经不长了。在那些被阿尔萨布蒂剽窃过的研究人员中正酝酿着一场即将爆发的风暴。在世界各地的杂志社之间,书信来往不绝。被阿尔萨布蒂剽窃了论文的博士研究生威尔达给好几家科学杂志的新闻部写了信,揭露阿尔萨布蒂舞弊行为的文章也开始大量涌现。[6]当阿尔萨布蒂的活动被报道后,《国立癌症研究所学报》(*Journal of the National Cancer Institute*)的编辑贝勒第三(John C. Bailar Ⅲ)对新闻报道所产生的影响作了如下的描写:"我在一个星期天的晚上从《科学》杂志上读到了有关阿尔萨布蒂的文章,我可以向你保证,星期一早上天刚亮,我就在办公室查我们的档案,很幸运,他送来的三篇论文,都被我们拒绝了。"尽管各家杂志一起行动,但没有一个受害人能够把阿尔萨布蒂查个水落石出。

与此同时,在6月下旬,当弗吉尼亚大学的行政官员从《科学》杂志上看到威尔达和惠洛克向阿尔萨布蒂提出指控的文章时,他们大吃一惊。这是他们的一个得意门生啊!官员们暂停了阿尔萨布蒂的临床工作,并要他对指控作出回答。阿尔萨布蒂矢口否认,但对自己做的事又解释不清。官员们后来说,他说不清为什么署着自己名字的那篇文章会与威尔达的论文那样雷同。"他不承认自己曾经写过这篇文章,"实习计划的主任之一里夫(William Reefe)告诉记者说,"阿尔萨布蒂还说他的简历里根本没有这篇文章——实际上是有的。"7月2日,阿尔萨布蒂辞掉了实习计划中的工作。

据阿尔萨布蒂工作的那家医院的主任戴维斯(Hugh Davis)说,阿尔萨布蒂在向他们提出工作申请的时候,拿出了数封休斯敦西南纪念医院写的热情洋溢的推荐信。戴维斯说,弗吉尼亚大学和他们医院都没有给阿尔萨布蒂以前的雇主打电话核实他的履历。戴维斯不无悔恨地说:"也许我们应该打这些电话。"据大学的官员说,在阿尔萨布蒂交给他们的材料中,唯一不应该忽略的线索是,这样一个年轻人竟发表了数量如此惊人的论文,尤其大部分作品是在两年内完成的。

阿尔萨布蒂在弗吉尼亚大学时曾接受了一位给他家打电话的记者对他所作的短时间电话采访。他一口咬定是其他研究人员剽窃了他的论文,但他不愿猜测怎么会发生这样的事。"我正想找一位能代表我说话的好律师,去告那家杂志,告所有参与写这种文章的人。届时我将出庭逐条作证,然后请法庭作出判决,看看到底是我剽窃了别人的作品,还是有人剽窃我的。"他还否认他曾告诉其他研究人员说他与约旦王室有血缘关系。"他们以为信上的王冠就是王室的意思。这些白痴,其实他们什么都不懂,还要在那里胡搅蛮缠。"他还指出,有一篇描写他剽窃的文章,把他的汽车颜色搞错了。"我有一辆白色的凯迪拉克牌小轿车,不是黄色的。那辆黄色的已经卖掉了。"那次电话采访后不久,阿尔萨布蒂就张贴告示,准备出售他在罗阿诺克的价值70 000美元的房子。他没有雇律师,走时也没给大学留下他的新地址。"他肯定懂医学,"戴维斯说,"我相信,他会找到新的实习工作的。在美国这种制度下,要想跟踪他,是根本不可能的。"

这时,世界各地的科学出版机构都开始对剽窃提出了新的指控。1980年7月,《英国医学杂志》(*British Medical Journal*)列举了阿尔萨布蒂剽窃知名人士文章的另外两个例子。[7]在这篇以《剽窃之风必定会盛行吗?》(Must Plagiarism Thrive?)为题的文章里,作者探讨了防止这种剽窃行为的可能性。"世界上至少有8000种医学杂志,其中许多杂志一年要收到几千篇来稿。要核实作者的证书,是一件工作量大而且相当麻烦的事情。要检查一篇论文过去是否(用不同的名字和标题)发表过,几乎是不可能的。看来,编辑们除了相信投稿者的诚实和审稿人的敏锐之外,似乎是无能为力的。"还是在7月,英国《自然》杂志报道了这位巡游学会会员犯下的又一件剽窃案。[8]

阿尔萨布蒂想搞到医学证书和骗到一份研究工作的心始终不死,他又北上来到美国生物医学的研究中心——波士顿。

1980年7月的第二周,也就是阿尔萨布蒂离开弗吉尼亚大学后仅仅10天,他就十分起劲地在波士顿大学下属一家医院做起了实习工作。但是好景不长,有关他那些勾当的消息很快就尾随而来。《医学论坛》(*Forum on Medicine*)杂志9月号上有篇文章详细报道了阿尔萨布蒂干的事情,医院的官员们读后大为震惊。[9]他们立即找阿尔萨布蒂谈话,并要他马上离开。据多切斯特的卡尼医院的行政官员称,阿尔萨布蒂在向医院提交工作申请时,曾说过他在弗吉尼亚大学遇到了一些个人问题,但对有人指控他剽窃一事却只字未提。"他并没告诉我们有人提出或指控他在名声、能力和职业道德方面存在问题，"卡尼医院执行副院长洛格（John Logue）说，"即使我们雇的是一个刷碗工，如果他在申请工作时撒了谎，光凭这一点我们就可以将他解雇。"

阿尔萨布蒂离开卡尼医院后，便再也无声无息。他是否改名换姓，继续干他的剽窃行当，人们不得而知，但根据他以往的所作所为，他继续这么干完全不是不可能的。最有意思的是，他的那些作品还依然存在。许多证据确凿的剽窃文章后来都被撤销了，但在科学文献记录的权威和集大成者——大型科学检索服务机构的计算机档案中，有几十篇论文仍然冠以阿尔萨布蒂的名字。《医学索引》（*Index Medicus*）和《科学引文索引》（*Science Citation Index*）的发言人说，他们没有从档案中抽掉文章的先例，也下不了决心开这样的先例，因为那样做会迫使他们对今后可能产生的著作权争端不得不作出表态。

由于这些论文仍在起作用，所以阿尔萨布蒂可能还在自我标榜，可能就在今天还在某个地方行使着被许多行政官员认为是无懈可击的科学证书所赋予的权利。

阿尔萨布蒂故事的讽刺性在于，不仅他那份作为医学研究界一颗新星的证书是偷来的，而且他在伊拉克学术界发迹的整个观念都是从中东另一个说服了伊拉克政府提供资助的"天才"那里借来的。当阿尔萨布蒂还是巴士拉医学院的一个学生时，他的行为的样板赛义卜（Abdul Fatah Al-Sayyab）已经在巴格达政府中捞到一个官位。这位出生于巴士拉的研究人员凭着他发明的两种所谓特效药，过着政府提供的包括有一幢豪华住宅在内的舒适生活。这两种据说能治好某些癌症的药被命名为"贝克灵"和"萨达明"，是分别以伊拉克当时的总统艾哈迈德·哈桑·贝克尔和当时的副总统后来又成为总统的萨达姆·侯赛因（Saddam Hussein）的姓名命名的。遗憾的是，这两种特效药对癌症根本无效。当阿尔萨布蒂为实现其职业野心逃离伊拉克时，赛义卜已受到严密监视,而且不准离境。

阿尔萨布蒂在为学术幻想而操劳的过程中,伪造了一个医学学位,骗得约旦政府数万美元的资助,谎称与王室有血缘关系,混进了美国大学,还给自己戴上了一顶博士桂冠。在美国几个有声望的实验室进行所谓研究期间,他所发表的60篇论文,多数(也许全部)都是剽窃来的。他的这种手法欺骗了世界上几十家科学杂志的编辑。此外,他用谎言和花招骗过了2个中东国家的政府、11个科学学会的评审委员会和美国6个高等教育机构的行政官员。

阿尔萨布蒂在他开始学术生涯的伊拉克,仍因欺骗和行窃而被警察通缉。在约旦,他是一个不受欢迎的人,前约旦驻美国副大使巴克(Shaher Bak)说:"如果有任何人对他提出法律诉讼,我们都会无比高兴。"

阿尔萨布蒂一案再清楚不过地表明了,当代科学是怎样因专业研究人员的道德而受到损害的。从阿尔萨布蒂的目的来看(且不谈他的方法),他与成千上万的其他研究人员没有任何区别。多数科学家无疑仍在把追求真理作为他们的最高目标。但对许多人来说,一个更直接的目标常常闯到他们的脑中,那就是牟取名誉。在科学界,取得名誉的资本就是在学术杂志上发表文章。拥有一长串著作目录(通常称作文献目录),能帮助一个人争得政府经费和提高学术地位。鉴于很多科学家及多数行政官员没有时间读这些作品,因此简历上所列文章的数量往往比它们的质量要重要得多。

追求一长串著作目录的游戏是一种新近出现的现象,因为目前这种论文泛滥成灾的情况在20年前是不可思议的。当沃森(James D. Watson)1958年(后来他获得了诺贝尔奖)在哈佛大学当上副教授时,在这位年轻生物化学家的履历里也只有18篇论文,其中一篇描绘生命的主宰分子——脱氧核糖核酸(DNA)——结构的文章还是他与克里克(Francis H. Crick)合写的。而今天,在同样一名诺贝尔奖候选人的著作目录里,其论文篇数常常多达50以至100篇。

过分强调发表著作,造成了杂志和论文大肆泛滥的后果。正如《英国医学杂志》所指出的,今日世界上仅医学杂志至少就有8000种。杂志多的另一个原因是科学家队伍惊人的膨胀。据估计,目前在世的科学家占自古以来所有科学家的90%。不过,杂志泛滥的一个相当重要的原因,还是在于出版性质有了变化,即过分强调数量而不注重质量。说得客气一点,现在的许多科学家和他们发表的许多作品,充其量只能算是一般水平。这种作品质量低劣的现象,从阿尔萨布蒂的例子可以见其一斑。佛罗里达州立大学图书馆学学院的一位名叫拉瓦尼(Stephen M. Lawani)[10] 的研究生说,在阿尔萨布蒂的窃贼面目未被揭露出来以前,他的文章没有一篇被其他科学家引用过。阿尔萨布蒂所剽窃的是一些无足轻重的科研作品,因而逃避了人们的察觉。可是他凑成的论文目录,却对他进入美国学术界的上层起了立竿见影的效果。

一个不了解学术界内情的人可能会这样想,科学杂志编辑委员会大概会仔细地将麦粒和麸皮分开来,以便确保低劣的或带有欺骗性的文章无法发表。而阿尔萨布蒂的例子又一次清楚地说明,事实并不是这样。低劣的文章可能被较好的杂志拒绝,但只要作者不死心,它们迟早可以在别处找到出路。当阿尔萨布蒂一开始在美国坦普尔大学工作时,他给微生物学家弗里德曼看了一篇他正在写的论文。"我提了几点建议,"弗里德曼说,"但我告诉阿尔萨布蒂,这篇论文无论用什么标准衡量,都不会被人采用。"尽管对这篇文章有这样的评论,但它还是很快付印了。这篇论文的录用速度并未因它毫无价值而受到影响。《临床血液学和肿瘤学》杂志的编辑阿马努拉·汗(Amanullah Khan)说,到阿尔萨布蒂的窃贼面目被揭露时为止,这位差点成为院士的人向该杂志投了9篇论文,其中7篇被采用,6篇已付印,还有1篇因阿尔萨布蒂的剽窃行为已受到指控而未发表。

发表无意义作品的人远不止阿尔萨布蒂一个。1972年社会学家乔纳森·科尔和斯蒂芬·科尔(Stephen Cole)曾就科学生产力的问题,发表了一篇题为《奥特加假说》(The Ortega Hypothesis)的尖锐的分析文章。[11] 文章总结说,只有少数科学家对科学发展作出了贡献,而多数人发表的东西根本不起或只起很小的作用。科尔兄弟调查的根据是,一个科学家有责任在自己的作品里,向所有对他的文章作出过贡献的其他人的文章致谢。脚注或参阅书目,也就是人们所说的"引证"(citations),就是告诉人们谁影响谁的一个有效手段。科尔兄弟在分析引证情况时发现,许多学术文章在科学文献中从未被引用过一次。"根据我们报告的数据,"他们写道,"可以得到一个初步的结论:削减科学家的人数,不会减慢科学进步的速度。"

即使没有阿尔萨布蒂的论文,或许同样可以说,即使没有发表他的论文的那些杂志,科学界照样能够很好地存在下去。拉瓦尼在分析了阿尔萨布蒂的著作目录后总结说,刊登阿尔萨布蒂的文章的杂志,都不是"癌症研究方面的重要杂志"。例如,这些杂志中,没有一家被列入《癌症年鉴》(Yearbook of Cancer)。它们发表的文章,没有一篇被大量地引用过(被引用50次或50次以上)。有意思的是,其中有两家杂志在所有癌症杂志中排得较前一点,但这只是因为它们刊印的论文篇数较多而已。

阿尔萨布蒂剽窃的目的在于用低劣的文章去充塞他的著作目录。其他研究人员为达到同一目的,也采取了各种手法,但方法基本相同。[12] 科学界有些人所说的"化整为零"(the Least Publishable Unit,简称LPU)就是一例,也就是说,根据一项科研工作分写出尽可能多的单篇文章。明明是一篇综合文章就可以讲清的工作,一个研究人员却要发表四五篇较短的文章。他还会满有理由地辩解说,文章篇数多,对自己的事业有好处。"这的确是一个问题,"《医学索引》的编辑巴克拉克

（Clifford A. Bachrach）说，"有一个我很熟悉的例子，是一项形容影响疾病发生的几个变量关系的流行病学研究课题。这项工作本来可以写成一篇文章发表，但竟被分成了几篇很短的文章送给三家杂志发表。"一些编辑正在与这种倾向进行斗争。《新英格兰医学杂志》（*New England Journal of Medicine*）编辑雷尔曼（Arnold Relman）说，他在处理这种化整为零的稿件时"尽可能做得策略一些"。"在指导人们应当怎样做自己的工作和怎样才能成为一个正直而严厉的编者之间有一条细微的界线。如果能够看清一篇文章是许多小短篇中的第一篇，那么我就婉转地询问这后面是不是就没有了。"

在发表论文的问题上玩弄以少变多的游戏的又一例子，是论文合作者不断地增多。许多研究人员共同分享一项研究成果，在几十个同事之间形成了多边互惠的关系网。《新英格兰医学杂志》的编辑们说，自从杂志开办以来，合作者的人数在不断地上升，如今每篇论文平均有5个作者。据总部设在费城、为2800种杂志编索引的科学信息研究所说，从1960年到1980年，每篇论文的作者平均数目从1.76个上升到2.58个。这只是一个平均数。一篇论文有十几个甚至更多的合作者的现象也绝不罕见。

论文合作者人数的这种上升，与一个研究课题需要许多不同的子课题专家共同参与的趋势越来越突出有关。但严格说来，很多原因还是与科研人员个人的晋级以及为了讨好某人而毫无道理地增加合作者有关。《血液》（*Blood*）杂志的一位编辑有一天接到一位愤怒的研究人员的电话，要求编辑将他的名字从他刚刚看到的一份手稿上删掉，因为他并不同意手稿作者的结论，他对文章的唯一贡献只是与其主要作者在电梯里谈过几秒钟话。

科学论文一度是传播科学真理和探索自然的媒介，但如今随着它日益成为职业野心家牟取名利的工具，它的重要性已经大大减弱。正像人们预料的那样,在发表论文上搞鬼的逐步升级在有些情况下已经导致了某种反向献媚现象的滋生。巴克拉克说,一些新创刊杂志的编辑们为了使他们的杂志跻身于已包含2600种刊物的《医学检索》,常常在游说时把自己或杂志编委的著作目录送去炫耀。"我们看过有关六七百篇论文的材料,"他说,"但真正给我留下好印象的只有35篇。"

我们可以从阿尔萨布蒂事件汲取的一个教训是:那些多如牛毛的无用的和未经检查的研究论文,不但鼓励而且保护了舞弊。正像《英国医学杂志》所评论的,在现有的数以千计的学术刊物中,"要检查一篇论文过去是否(用不同的名字或标题)发表过,几乎是不可能的"。

问题确实不少,但这些刊物却都安然无恙。如果有这样多的刊物和文章都没有人看,那么,为什么还会出现这么多刊物呢?这些刊物能够发行并取得资助,靠的是什么经济机制呢?"事实上,许多学术期刊的额定价格并不是由正常的市场供求关系决定的。由于销售量极少,所以出版商惯于用收取版面费的方法,把出版成本分摊给科研人员。多数文章在交稿时都要附上最高可达数百美元的支票。因为发表的文章有时只不过是一种象征,所以让科研人员自掏腰包似乎是合情合理的。可是,实际情况并不是这样。版面费常常是从政府拨给科研人员的经费中报销的,因此是纳税人在对大量涌现的论文进行补贴,而这一状况,至少在有些情况下只是在为那些野心勃勃的学会会员们作嫁衣裳。

第二次世界大战结束以来大量涌现出来的论文、书籍和文章,为包括阿尔萨布蒂在内的几十位剽窃家提供了藏身之地。这些剽窃案中,除了那些后来有了权势和名气、因而其履历受到广泛而详细的检查的人外,许多人根本就没有被查出来。麦克罗克林(James H. McCrocklin)就是一个例子。1968年当他受到指控时,他正在西南得克萨斯州立学院任院长。[13] 得克萨斯州一家杂志揭露说,他的博士论文和他妻子的硕士论文非常相似,两篇论文基本上都是借用了一份陈旧而不引人注目的海军陆战队的报告。起初,这仅仅是一件令人难堪的私事,但很快就变成一场公开的争论。麦克罗克林一口咬定他没做过任何不道德的事情,而舆论则认为他很可能会顶过这场风暴,因为麦克罗克林和当时的约翰逊(Lyndon Johnson)总统私交颇深,而且西南得克萨斯州立学院又是约翰逊的母校。但是,到了1969年4月,麦克罗克林还是辞掉了院长职务。

尽管麦克罗克林遭受了挫败,但只要那些被查获犯有剽窃行为的人是在大学或政府机构中担任高位,科学界对他们的态度就会比人们所想象的要宽容得多。让我们看一下以研究生物发光著称的知名生物化学家麦克尔罗伊(William D. McElroy)的案例。[14]麦克尔罗伊1964年写了一篇评论文章,在文章中他大段照抄了另一位作者的文章,但没有注明出处。麦克尔罗伊这篇文章有20%以上是抄自那位作者的,剽窃部分要么是完全照抄,要么就是不改原意的稍加修改。这桩案子直到麦克尔罗伊爬到美国联邦政府一个最高科学职位时,才被公众注意到。麦克尔罗伊在为自己辩护时说,他用那个材料只是出于疏忽,而且后来作了更正。他拿到那份材料是在1962年夏天,目的是打算重做一次。但是这个好的意图还没能坚持到秋天,他的文章就已最后定稿了。“到底发生了什么事情,我不知道,”麦克尔罗伊告诉一位记者说,“我是不会不去重做的,不过我对这个领域并不感兴趣。可能我只是下意识地用这份材料来完成我的论文。”被借用材料的那位作者后来提出了投诉,于是麦克尔罗伊请出版社给所有读过他这篇文章的人送了一份勘误启事,并声明麦克尔罗伊的文章有9页的引文,其荣誉应归于另一位作者。这件事以及后来当麦克尔罗伊被任命为国家科学基金会主任时产生的争论,都没有影响到他的职业,因为他已当上了国家科学基金会主任。当时批评者们就提出,这件事有个双重标准。他们问道,假如一个大学生用忘了对盗用的材料重做实验的说法来解释自己的剽窃行为,这个学生会遭遇什么结局呢?

高级机构包庇本单位有剽窃行为的人的另一个例子,是1971年被任命为国家酒精滥用和酗酒问题研究所第一所长的查菲茨(Morris E. Chafetz)。[15] 尽管当时人们正围绕着他占用别人研究成果的问题进行争论,但对他的任命还是宣布了。1965年查菲茨出了一本题为《酒——人类的奴仆》(*Liquor: The Servant of Man*)的书。25年前,赫尔维格(Ferdinand Helwig)和史密斯(Walton Hall Smith)也写过一本同样题目的书,即查菲茨解释说是出版社要他修订的那本书。但查菲茨在他1965年的那本书里却说军队医院的数据是他亲自收集的。在争论期间,他又承认这些数据是从早先出版的那本书摘来的,因为这些数据与他过去的经验相符。查菲茨一面承认做了"傻事",一面又竭力否认自己做过任何错事。在一次新闻记者采访他时,查菲茨说,哈佛大学的同事们原谅了他。

后来,当这场争论波及各大科学报刊的版面上时,[16] 哈佛大学的研究人员门德尔松(Jack H. Mendelson)指出:"精神病学系的执行委员会1969年并没有设法对查菲茨博士提出正式指控,因为他们怕被卷入是非。查菲茨博士雇了一位律师,这位律师告诉执行委员会,如果查菲茨被学院开除,他就要提出起诉。结果执行委员会便十分保守地没有对查菲茨投不信任票,而是希望查菲茨在另一个地方找个工作。"实际上,查菲茨在1971年成为政府关于酗酒问题的最高权威之前,一直留在哈佛大学工作。

由于每当一个新案例在报刊上揭露出来时,总是有这么一批写着"如果你认为那是坏事"之类的信映入各大刊物编辑的眼帘,所以人们更加感觉到,其他未被揭露的剽窃者依然存在。继阿尔萨布蒂盗窃案后,《自然》杂志详细叙述了另一个"约旦"研究人员剽窃材料的事。[17] 1978年,一家杂志收到了一份那个约旦人寄来的题为《电荷对金属腐蚀的影响》(Influence of Electric Charges on the Corrosion of Metals)的论文手稿。经过仔细审查，编辑们发现这篇论文的题目和内容与10年前一组瑞典作者发表的一篇论文完全相同。该杂志拒绝发表这篇剽窃文章。由于这家杂志编辑的举报，这个约旦人被免去了在美国东部一所未点名大学的访问研究人员的职务，并获准返回安曼大学。人们要问，如果这件事发生在一个美国公民而且又是一个系主任的头上，结局又会怎样呢？

科学上的荣誉应该严格而不容例外地归于那些有原创精神的人。这就是科学家们要不顾一切地力争发现的优先权的原因所在。这也是研究人员有时不能对同行或竞争者的成果作出公正的致谢的原因，从抱怨之多和言辞之激烈就能作出如此判断。对另一个研究人员没有给予应有的致谢，就是对别人工作的一种轻度盗窃。剽窃(plagiary)是一种有趣的现象，因为它把科学报道中这些常见的罪行发展到了顶端。剽窃，这种全盘盗窃他人工作的罪行是如此之无耻和露骨，以致局外人可能会认为，科学家是绝不会干这种勾当的。但事实证明恰恰相反，科学界的剽窃行为绝非少有，有的常常逃脱了侦查，即使是很明显的案子，暴露出来也需要一定的时间。就是那些已被发现犯有剽窃罪的人，也常常还能不受影响地照样工作。如果剽窃这种对知识产权最严重的触犯所受到的只是科学界人士的那种类似敲打小孩手指关节的惩罚，那么，对其他较轻的罪行又会宽容到什么地步呢？

◇ 第四章

重复实验的局限性

　　每当一例新的科学舞弊案在新闻媒体上被揭露出来时,科研机构总是用这样或那样的"坏苹果"理论("bad apple"theory)来搪塞。按照这种理论,舞弊者要么是有精神变态的毛病,要么就是承受了过大的精神压力,要么就是精神失常。其言外之意是,应该责备的是出问题的个人,而不是整个科学的机构。

　　癌症研究人员托马斯(Lewis Thomas)说,最近的舞弊案"可以被看成一种反常,是那些精神错乱的研究人员干出来的"。[1] 当时的美国科学院院长汉德勒在1981年3月对戈尔主持的国会听证会说:"人们只能把暴露出来的这极个别人的举动看成是精神变态的行为,造成这种行为的根源在于这些人的头脑作出了非常糟糕的判断,且不谈道德问题,起码在这一点上可以说,这些人的头脑有问题。"[2]

　　如果这些混入科研队伍中的精神变态者的每一点小小的舞弊在一开始就能被制止,那么,科学所依靠的所谓自我管制机制显然是无可非议的。这些机制是什么呢? 它们究竟有多灵? 这些问题的答案必然联系到人们经常提出的问题——科研中的舞弊究竟有多普遍?

　　著名的德国社会学家韦伯(Max Weber)认为,科学是一项神圣的使命。在他看来,科学之所以能保持纯洁无瑕,是因为每个科学家对真理都有一种献身精神。与他同时代的法国人涂尔干(Émile Durkheim)却认为，保证科学纯洁性的不是个人，而是整个科学群体。韦伯那种认为科学家天生就诚实的观点，人们现在不时还能听到。"我所认识的科学家……在某些方面显然比知识界其他人在道德上更受人尊敬。"科学家兼小说家斯诺(C. P. Snow)说。[3]但认为科学家比别人更诚实的看法并不特别时髦。时下盛行的观点是美国著名的科学社会学家默顿(Robert Merton)提出的，他和涂尔干一样，认为科学的诚实不取决于科学家个人的品德，而是受到制度方面的制约。默顿说，实验结果的可检验性，同行专家的严格审查，使得科学家的活动受到"在其他任何领域的活动所无法比拟的严格管制"——这就是确保"科学史上根本不存在舞弊"的基本特点。[4]

默顿关于自我管制机制的描述已成为科学家们普遍信奉的教条。科学的自我管制性经常被当作一个理由来说明为什么整个社会没有必要干预科学界的事务。汉德勒院长在国会关于科研中舞弊的听证会上宣称，科学研究是一个"有效的、民主的并能够纠正自身错误的"系统。斯诺则说："外界没有必要对科学活动展开批评，因为科学本身就包含着批评。"最形象地打出"请勿插手"牌子的，大概要算科学作家古德菲尔德(June Goodfield)了。她在一篇关于萨默林(Summerlin)舞弊案的文章中说："在所有的职业中，科学最富于批判性。有专职的音乐批评家、美术批评家、诗歌和文学批评家，但就是没有专职的科学批评家，因为科学家自己就可以胜任这一角色。"[5]

构成所谓科学自我管制系统的有三大机制。它们是：(1)同行评议，(2)论文审查制，(3)重复实验。同行评议指的是由专家组成的委员会帮助政府决定哪些科学家应得到资助，哪些科学家不能得到资助。同行评议系统通过对研究经费分配的控制，对科研的开展有重大的影响。研究人员申请政府研究经费，要花费相当大的精力去准备非常详细的文件报送同行评议委员会。委员会成员们要认真阅看每一项申请,按其学术重要性评分。这是任何做了手脚的申请报告都可能被查获的第一道关口。

防止舞弊的第二道关口是论文审查制。根据这个制度,几乎所有的学术刊物都要把送来的论文稿寄给有关的专家权威。审稿人将判定文章的学术价值和创新性,并要发现论证和技术上的问题。由于论文在这一关要经受最严格的考验,所以它是查获舞弊或自我欺骗的主要一关。

防止舞弊的最后一道也是看上去最厉害的一道关口是重复实验。正如研究科学之逻辑结构的哲学家们竭力指出的那样,科学同其他知识领域的区别在于,一个科学家宣布的成果可以被另一个科学家客观地加以验证。科学家在发表其发现时,应如实说明他的实验是怎么做的,以便别人能够重复这个实验,证实或者否定他的实验结果。重复实验是判断科学理论和实验正确与否的关键考验。人们通常认为,任何做了假的实验,在别人重做时都会露出马脚来。假成果越显得重要,其他人就越想去重复,舞弊也就败露得越快。本章将着重谈谈重复实验这个据说是舞弊行为所无法逾越的障碍。同行评议和论文审查制将在下一章进一步讨论。

所有这三道防止舞弊的关口,我们在第三章谈到的阿尔萨布蒂都轻而易举地闯过去了。不过初看起来,他的舞弊似乎是一个特例。阿尔萨布蒂没有经历过做实验的单调乏味,所以他根本不需要通过同行评议系统申请研究经费。由于他的文章不是捏造而是抄袭来的,所以审稿人或任何可能重复他的实验的人不可能从文章本身中挑出毛病。除此之外,阿尔萨布蒂是在科研主流的外围搞的名堂,在无人注意的刊物上发表一些人们对其内容不太感兴趣的文章。更能够考验重复实验灵不灵的,应该是围绕着科研热门课题、所称成果的重要性足以引起该领域所有主要研究人员注意的舞弊性实验。

超乎寻常的激酶级联事件正好可以作这样的例子。这个持续了18个月的"奇迹"事件,绝妙地揭示了科学在压力下并不是像历史学家、哲学家以及科学家自己事后描绘的那样运行的。如果真的有人想去重复一下实验,舞弊者肯定就会寸步难行。但在一个很长的时间里,经常支配科学态度和动机的一些人共有的基本因素,使他们根本不想去运用重复实验这一基本方法。在那个时期,激酶级联说的影响充斥了整个癌症研究领域,甚至连一些第一流的科学家都不能幸免。傲慢,野心,热衷于新理论,不爱听逆耳之言,不愿怀疑自己的同事——这一切都是造成激酶级联说发展到如此荒谬地步的因素。我们并不是说,这些情感都是不光彩的,事情也绝非如此。但是,在一个很长的阶段里,这些情感阻碍了重复实验这一机制发挥作用。在这一事件中,重复实验竟成了**最后**一招,当所有其他办法都不灵而且已有明显的证据证明是舞弊时,人们才采取了这一招。[6]

1981年春,癌症研究领域爆出了一颗新的超级明星,这颗新星以神奇的光芒照亮了这一充满坎坷的领域。康奈尔大学一位24岁的研究生马克·斯佩克特(Mark Spector)和他的教授拉克尔(Efraim Racker)宣布了一个关于癌症起因的独特的新理论。这个由斯佩克特提供全部实验证据的理论是如此有力和完美,以致很多人都相信,它会为斯佩克特和他的教授赢得诺贝尔奖。拉克尔毫不怀疑他和他的得意门生的这一见解是完美无瑕的。他在宣布这一发现的文章一开头,引用了切斯特顿(G. K. Chesterton)的一句话:"在云中建造城堡是无旧章可循的。"[7]

拉克尔的城堡是在1980年1月奠基的,当时斯佩克特从辛辛那提大学带着其教授充满赞美之辞的推荐信来到了康奈尔大学。从十几岁开始,斯佩克特就完全献身于科学事业。他成为拉克尔实验室的研究生以后,以惊人的速度掌握了新的技能。他能做好别人无法完成的高难度实验。斯佩克特的同事们都说,他是他们见过的最优秀的年轻人之一。他的成功不可避免地受到了其他一些研究生的嫉妒,但资历较深的同事们却把他看作一个"金手"神童。

拉克尔把提纯活细胞壁中一种酶(叫作钠钾腺苷三磷酸酶)的任务交给了斯佩克特。拉克尔一直对这种酶感兴趣,因为他有理由相信,它的功能失效是某些癌细胞的显著特征之一。有好几个人都曾想提纯癌细胞中的这种酶,但都没有成功,但斯佩克特只用了两个月就做成了。接着,他又发现了表明ATP酶在正常细胞中功能正常,但在癌细胞中则功能失效的证据,这一发现证实了他的教授的预言。

斯佩克特很快弄清了这种酶功能失效的原因:它在癌细胞中经过了一种叫作磷酸化作用的化学改性。细胞中每种化学变化都有一种特定的酶作媒介,因此斯佩克特下一步就是找出引起ATP酶磷酸化的那种酶。这后一种酶叫作蛋白激酶,斯佩克特报告说,这种酶存在于所有的细胞中,但它只在癌细胞中表现为活性。紧接着这一引起轰动的发现,这位年轻的天才又发现了一连串四种不同的蛋白激酶。这种激酶就像多米诺骨牌那样,每一种酶都会使下一个酶磷酸化并同时将其激化,而最后一个激酶则使ATP酶磷酸化。

一个研究生要提纯一种酶,尤其是不常见的酶,通常要花一年功夫。但到1980年中,也就是斯佩克特到拉克尔实验室刚半年的时间内,他就提纯出ATP酶和四种激酶。激酶级联是一个极为有趣的机制,它使生物化学家们联想到各种各样的信号放大和控制系统,但更精彩的还在后面。斯佩克特成功地将级联同在动物肿瘤病毒的研究中刚取得的一项极为重要的新发展联系在一起。

这些病毒引起肿瘤的基因被称为src基因,它专门对一种蛋白激酶起作用。据认为,这种基因是病毒在进化早期从它们所侵染的生物细胞中夺来的。癌症研究人员曾在动物细胞中寻找过现代形式的这种所谓内源src基因,但没有一个人能够分离它的激酶产物。而斯佩克特发现的级联中，有些激酶就是这种令人难以捉摸的内源src基因的产物，这个惊人的消息一下子使斯佩克特出了名。

看来，关于癌症病因理论的所有问题终于都迎刃而解了。一个肿瘤病毒侵染了一个细胞，它的src基因产生了多得无法控制的激酶，这些激酶又激活了细胞中通常不呈活性的激酶级联。级联中最后一个激酶使ATP酶磷酸化因而不能有效地作用，于是激发了恶性细胞所特有的进一步变化。

生物学家们曾用"富有魅力"一词来形容拉克尔和斯佩克特这一理论在学术上所产生的巨大影响。他们两个人抓住了癌症研究中最激动人心的新发展，并通过一系列绝妙的实验证明这些新发展如何构成了一套完整的理论。有关细节还没有在科学文献上发表，拉克尔就已开始在全国各地大肆宣扬这个理论了。

68岁的拉克尔是由精神病学改行而成的生物化学家，是生物化学界一位知名人物，曾荣获美国全国科学奖，他的权威使他那个当时尚未发表的理论享受到一般情况所不能有的信誉。斯佩克特仰仗拉克尔的栽培，不久便开始与麻省理工学院的巴尔的摩（David Baltimore）*、国立癌症研究所的托达罗（George Todaro）和加洛（Robert Gallo）等癌症生物学界第一流研究人员合作。

当拉克尔1981年春天在国立卫生研究院介绍该理论时，听众多达2000余人。许多人要求国立癌症研究所所长德维塔（Vincent DeVita）宣传这一好消息。德维塔当时正因为对科研中的舞弊活动打击不力而受到国会的责难，所以把此事拖了下来。但是，生物医学界的热情很高。"我们终于在这一领域看到了生物化学和分子生物学的结合。"拉克

---

* 他曾获得1975年诺贝尔生理学或医学奖，并于1999年获得美国国家科学奖，2021年获得拉斯克医学特殊贡献奖。——译者

尔和斯佩克特在一篇发表在1981年7月17日《科学》杂志上的自我炫耀的文章中这样宣告。[8]

许多著名的研究人员都转向这一热门,但他们并没有下苦功去重复斯佩克特的实验,亲自做一做激酶系统的提纯工作,而是把自己的试剂交给斯佩克特去测试。托达罗指出:"奇怪的是,当你到那里一看,那里全是世界各地送去的样品,等着这个小家伙测试。你如果看一下柜子上贴的各种标签,会觉得那几乎是一部癌症研究名人录。"有的研究人员还邀请这位年轻的研究生到他们实验室去。他们一个接着一个地逐渐了解了斯佩克特在康奈尔大学的同事们所熟知的规律,即那些实验只有斯佩克特才能做成,他不在,别人是做不出来的。但他们都和斯佩克特的同事一样,只找到一个简单的解释:马克做实验就是这么能干。"他在技术上有非凡的天赋,"托达罗说,"他来国立卫生研究院时,人们都要向他请教怎样做实验,而且都能得到满意的指点。人们和他说话时,不像是对一个研究生,倒像是对一个同事。"

在受斯佩克特那个理论所迷惑的人当中,有一个叫沃格特(Volker Vogt)的肿瘤病毒学家,就在拉克尔实验室楼上的康奈尔大学生化系工作。1980年4月,斯佩克特曾与沃格特的学生佩平斯基(Blake Pepinsky)一起做过几次关于ATP酶的实验。沃格特说:"这些实验结果是如此的干净、漂亮、有说服力,以致我也想花点时间搞这个项目。"

沃格特遇到了一个问题。他的实验时而成功,时而失败。这样漂亮的结果竟会这样不稳定,沃格特感到很烦恼。他用了1980年整个夏天时间想弄清实验失败的原因。不管是什么原因,月相不对也好,或是蒸馏水中有杂质也好,反正这个原因太难以让人捉摸,沃格特百思不得其解。最后他只好作罢。他还决定不能发表他的实验情况,不管这些情况可能引起多大的震动。

不过,佩平斯基仍在斯佩克特那里帮忙,他们两人经常每天工作17

个钟头，有时通宵达旦。"这项工作与我的毕业论文毫不相关，但每当马克想做沉降实验，我都要来。这些实验只有他在场时才能成功。"佩平斯基指出。一年以后，即1981年初，当斯佩克特在受到致瘤病毒感染的细胞中发现了激酶时，沃格特也被卷入到了这个大漩涡中。有一项实验沃格特特别感兴趣，这项实验表明，斯佩克特发现的一种激酶的抗血清同一种重要但尚未被发现的蛋白质非常相似，这种蛋白质是许多人都在研究的一种家鼠肿瘤病毒的src基因产物。

佩平斯基两次重复了这项实验，但都没成功。沃格特绝望地感到，这次的情况似乎和前一年ATP酶的情形一样地让人沮丧。但他想，这次他真的要搞个水落石出，弄清为什么斯佩克特的工作很难重复做出。佩平斯基和斯佩克特用了两天时间重做了这一实验。

这次实验又获得了惊人的成功。"放射自显影照片上有很多放射性区带，一切看上去都十分理想，"沃格特指出，"因此我说，'起码这个我可以做了'。"他决定第一步先分析制作这些放射自显影照片的凝胶片。"马克对我着手研究凝胶片非常不安。过去的分析工作都是他自己做的。"沃格特说。佩平斯基对这一实验难以重复做出也感到不安，他悄悄地把原始凝胶片拿走藏起来了。

这些凝胶片是斯佩克特实验的关键资料。被抗血清分出并标有放射性同位素磷示踪物的细胞蛋白将会印在凝胶片上，并被放入一个电场。每个蛋白将按其大小通过凝胶片移动一个特定的距离，在凝胶片后面的放射敏感光膜上留下一个阴影。

到目前为止，斯佩克特让同事看的只是这些胶片，即放射自显影照片。沃格特拿到一张原始凝胶片后，第一步就是用一个轻便盖革计数器找出凝胶片上放射性蛋白的谱带。他从计数器的响声中马上意识到有严重的问题。响声告诉他，所用的示踪物不是磷32，从放射自显影照片上的黑点数来看，好像是碘125。用闪烁计数器测量后，证实了这一判断。但是元素碘和这个实验毫不相干。

这是作假,非常狡猾而又很简单的作假。作假人显然是找了一种分子量不大不小,在凝胶片内正好可以达到理想地方的蛋白质,给它们标以放射性碘作示踪物,在把它们放到凝胶片上之前让它们与标有抗血清的蛋白质混在一起。

沃格特惊呆了。这一天是7月24日,星期五。沃格特说:"这件事使我震惊。这简直像一场噩梦。起初,我没有告诉任何人。我知道,这在我的研究生涯中以及在任何人的研究生涯中,都是一件大事。我回到家,整整想了一天,然后跑去找拉克尔。"

"他没有怀疑这是事实,但他不愿意马上相信一切都错了。当时,我们以为这可能是最近刚发生的过失。第二天我们去找马克对质。我们以为他会说'我错了',但他没有说。他不否认我发现的是碘,但他说那不是他干的,他不知道是怎么回事。"

随着这项假实验被揭穿,拉克尔10天前刚在《科学》杂志上宣告建成的"云中城堡"就开始土崩瓦解了。

拉克尔给了斯佩克特四个星期,要他重新再提纯一次ATP酶和四种激酶,并交给自己检验。斯佩克特满口答应,说这个任务不用四个星期时间,只要两个星期就够了。但进展并不那么快。他做了三次才给了拉克尔一种能用的酶,他毕竟做出了一种。他还搞出了一种看来能使ATP酶磷酸化的激酶,但只够拉克尔在实验中用两次。斯佩克特搞出的其他激酶,分子量都不对,达不到预期效果。到第四个星期结束时,拉克尔让斯佩克特以后不要再回到他的实验室来了。

斯佩克特为自己开脱所作的努力总的说来是失败了,但对这个失败也可作两种解释。他向拉克尔表示,虽然他没有做出所声称的全部结果,但起码做出了一部分,这样就很难说他以前的工作究竟是部分不可靠还是完全不可靠了。但他不愿把他知道的东西告诉他的同事。"马克说,再过5年时间他将被证明是对的。但他不肯帮助我们把问题查清。"在学术上最了解斯佩克特的佩平斯基说。

斯佩克特究竟有没有作假?是全部作假,还是部分作假?对这个问题可能永远找不到一个肯定的答案。可以肯定的是,他的一些实验数据是某个人精心编造出来的。"如果这些东西都是编出来的,"托达罗说,"确是一件了不起的杰作,这种事真让人纳闷,但它确实会有。""如果要说是作假的话,这个假作得可是非常高明、细心和大胆——这可不是在老鼠身上画道道。"另一个熟悉情况的生物学家说。

就在激酶级联说开始破产的时候,人们从斯佩克特的个人背景中也发现了问题。1981年9月9日,他撤回了他的毕业论文,这篇论文差点儿让他用一年半时间而不是通常所需的5年拿到博士学位。本来应在斯佩克特进入康奈尔大学研究生院时就进行而现在为时已晚的审查表明,他在辛辛那提大学既没有获得过硕士学位,也没有获得过学士学位。据《伊萨卡报》(*Ithaca Journal*)报道:"经向辛辛那提司法机构查核发现,斯佩克特曾在1980年6月12日,对两项涉及他以其雇主名义开给自己金额共计4843.49美元的两张支票的指控表示认罪……他被判处徒刑,缓期3年执行。"9

拉克尔对一个同事说:"我没有儿子,我把他当作自己的儿子。"正因为这种关系,他的城堡在一块块废砖上建起来了。上了年纪而又暴躁专断的拉克尔对他这个年轻的门生是如此喜爱,以致着手安排斯佩克特接手掌管实验室的一部分工作。他们关系的致命点在于,斯佩克特在感情上不会处理与权威的关系。一个研究此案的人后来说:"拉克尔走进来要数据,斯佩克特不说他没有,而总是要拿点什么他认为教授喜欢的东西给拉克尔。这种关系把他们都害了。有一阵子,他们互相满足彼此的欲望。斯佩克特总是提供答案,赢得他'父亲'的欢欣,同时他也把事情弄糟了。"

正如在许多学术问题上一样,人们看不见的情感支配着人们看得见的事件的发展。但人们还是可以提出关于科学方法的问题:为什么斯佩克特实验结果的虚假性没有更早被发现?为什么那么多被其理论所吸引的生物学家中,就没有一个人想到要先去重复做出一些基本结果?回答是:他们确实想要去做。他们做不出斯佩克特的结果,这本来是应该使那个理论胎死腹中的,但实际上却没有。

第一个从外部发出明确的危险信号的,是科罗拉多大学一个关于病毒 src 基因问题的杰出专家埃里克森(Raymond Erikson)。拉克尔曾请他测试斯佩克特为了做级联激酶实验而制备的一种抗血清。出于好意,他这样做了,结果发现这种抗血清并不是斯佩克特所说的那种。有明确无误的迹象表明,它同早些时候埃里克森本人送给拉克尔的一种抗血清相同,那是一种对某种病毒 src 基因的蛋白产物有化学亲和力的抗血清。埃里克森要不是发现这些抗血清相同的话,他就会从测试中得出一个非常重要但完全错误的结论:斯佩克特的激酶与病毒 src 基因的产物有密切的关系,而这正是斯佩克特和拉克尔所希望听到的。

埃里克森在 1980 年 11 月把他的发现告诉了拉克尔,这时离这桩丑闻最终被揭露还有差不多一年。拉克尔显然对埃里克森的话一个字也听不进去,他对埃里克森说,他得到了不同的结果。他答应再给埃里克森送一批抗血清,但后来一直没有下文。拉克尔在一篇发表在《细胞》(Cell)杂志、后来又被撤销的文章中,还批评埃里克森不承认这些激酶的存在。[10] 由于埃里克森没有发表关于他收错了抗血清的发现,所以再也没有别人知道此事。

另一个明确的危险信号来自国立癌症研究所的加洛。他在 1981 年 2 月把一种猴子病毒蛋白送到康奈尔大学研究,他听斯佩克特说,这种蛋白与一种级联激酶有关。加洛几次想在自己实验室重复这项实验,但都没有成功,最后他派了一个博士后研究生到康奈尔大学进行合作实验。但他告诉他的学生把交给斯佩克特的样品编上代码，而不要写上它们的名称。为什么？"因为我是个坏家伙，"加洛笑着说，"我这儿重复不出这些数据。除非斯佩克特到这里来，否则这些实验没法成功。"

尽管用的是代码，斯佩克特却两次从9种样品中挑出了正确的样品说明他的一种级联激酶同加洛的猴子病毒基因产物之间的关系。然而，加洛还有一个斯佩克特不知道的理由来怀疑这样的关系。他请求拉克尔给他一些试剂，以便在自己的实验室里重复这项实验，但这些试剂始终没有送来。加洛说："所以我就退出了这个项目。我认为其中有些蹊跷，但不知是什么，我不想过多地猜测。我只是告诉拉克尔说，我们这里重复不出来。"在被问到为什么他没有向拉克尔提到他觉得其中有些蹊跷时，加洛回答说："如果你重复不出来，又没有试剂，你能说什么呢？很多情况下人们不能重复做出东西来，就是因为自己做得不对。"

几乎所有的研究人员在加洛和埃里克森的处境下，都会像他们两人那样做的，但这种做法和教科书所说的科学家的行为完全相反。重复实验的失败没使他们对实验或建立在这项实验基础上的理论的可成立性提出挑战，更不用说针对实验者的诚信了。他们两人都有自己的疑问，都在私下向拉克尔讲了担心的基本理由。但正如加洛所说的，重复一项实验的失败，根本不足以表明这项实验有舞弊的可能性。

级联激酶舞弊案被察觉的方式很清楚地揭示了科学研究的实际进行方式，它与教科书上所说的根本不同。对一个研究人员工作的第一个也是最重要的检验——它是如此普通和基本，科学哲学家从来不屑一提——是本实验室的同事或教授查看原始实验数据。只有内部的人才有机会看到记录、照片、仪器图表等作为文章依据的数据资料。只有他们才有可能判断发表的东西是否与原始数据相符。外部的人可能会怀疑发表的东西，但如果没有进一步的理由来怀疑，他们不可能理直气壮地要求看那些唯一能证明舞弊的原始数据,即使他们这样做,也很可能会遭到拒绝。

斯佩克特在大部分情况下,都成功地避开了本实验室的人员对他的原始数据作彻底的检查。据一个看过他的笔记本的研究人员说:"笔记本上根本就没有原始数据。大多数人都要把重要的打印记录订在自己的笔记本中,但斯佩克特的数字都是写上去的。只是到事情真相大白以后,人们才去查看他的笔记本。"

这起舞弊被发现,有一个关键性的原因:沃格特决定要查看制作那张放射自显影照片所用的原始凝胶片。外人是不可能得到这个凝胶片的。而且,沃格特的行动尽管好像是一个很明显的合乎逻辑的步骤,但只是回过头来看才是这样。事实上,它需要清醒的头脑和坚持不懈精神的结合,而这是很难得的。沃格特责怪自己没有更早地发现问题,但别人则认为他及时发现了这起伪造实验,有很大的功劳。很多研究人员也许完全会被那些天衣无缝的结果所迷惑,只想去扩展这些成果。还有些人在遇到种种令人头疼的问题时只是躲开了事。而沃格特却单刀直入地冲向了问题的要害。

要不是沃格特,这起舞弊很可能要过很长时间才被察觉,甚至完全不会被人注意。案发时,斯佩克特很快就要离开康奈尔大学并建立一个自己的实验室。到那个时候,其他人再想看到他用碘做的凝胶片,几乎是不可能的。斯佩克特未取得过学士和硕士学位问题也许会在他获得博士学位前经过行政系统弄清楚,但要不是他有舞弊行为的话,那只不过是小事一桩,对他没有任何妨碍。

对拉克尔来说,本来可以成为自己显赫生涯中的皇冠的东西,现在落得一个可悲的结局。他的同行们长期以来一直想提名他为诺贝尔奖候选人,激酶级联很可能是他在斯德哥尔摩赢得认可的最后一个机会。拉克尔会不会更早发现这里的问题呢?"这表明舞弊是无法防范的。如果我们搞科研总是要防着舞弊发生,我想我们就会一事无成。"一位分子生物学家这样评论道。

另一方面,人们回过头来可以看到,曾经有过好几次警告信号出现。但拉克尔都没有把它们当回事。如果说他检查过斯佩克特的笔记本,那么,有许多后来变得很清楚的问题,他却没有看到。虽然他对斯佩克特的理论的某些方面也作出一些检查,但在拉克尔的实验室里从来就没有对斯佩克特的工作进行过完全独立的重复实验。

"我认为拉克尔非常愿意相信斯佩克特的结果,"一个密切注视事态发展的研究人员说,"他是一个很受尊敬的科学家,但我认为他在一定程度上丢掉了他那富于批判精神的判断力。因为他过于相信斯佩克特,所以许多事没有检查得那么仔细。"

"我认为该做的检查,我们都做了,"拉克尔回答说,"很不幸,这样的事竟发生在我身上,因为我一向是以注重检查而出名的。"他这些话很清楚地说明了一个事实:即使是最有批判精神的科学家,当最强烈的动机在起作用时,他们的批判力都会丢得一干二净。一个金手神童,他接过了别人最富才华的思想,并把它打扮成现实,他建起了一座闪闪发光的梦想的城堡,迷住了全国所有的癌症研究人员——没有几个科学家能够担保他们不会被这种令人心醉的歌声所迷惑。

在某种意义上说,激酶级联说的风波已经过去,但这件事的全部真相也许永远无法知道。甚至这出戏的中心人物也拿不出全部的答案。"如果斯佩克特只把它[激酶级联]当作一个假说写出发表,他就会被承认是一个天才。"康奈尔大学生物化学系主任麦卡蒂(Richard McCarty)说。假如他不是想要去证明它,他就会是一个天才;他是一个连学士学位都没有但看来似乎要稳拿诺贝尔奖的人;一个追求学术名望同时也渴望得到父亲赞许的才华出众的孩子。

斯佩克特案件清楚地告诉人们,在绝大部分情况下,舞弊行为被揭露不是由于公开的重复实验,而是由于私下的查证。1961年曾发生过一起事件,它引起的震动几乎和斯佩克特事件相同。这件事虽然知道的人不是很多,但它对生物化学界确实是一次震动。同激酶级联说的情形一样,那项蓄意伪造的实验也是被同一个实验室内部的人偷偷发现,而不是被外人因无法重复做出所发表的结果而发现的。

这一事件涉及两个著名的生物化学家,一个是1953年诺贝尔奖获得者、洛克菲勒研究所的李普曼(Fritz Lipmann),另一个是当时在耶鲁大学生物化学系工作的辛普森(Melvin V. Simpson)。[11] 1960年,辛普森在一个勤奋好学的青年学生帮助下发现,细胞中的线粒体能够合成一种叫作细胞色素C的蛋白质。这一发现在当时引起了人们相当大的兴趣,因为它证实了线粒体有合成蛋白质的能力,同时也是第一次在试管中合成了这样纯的蛋白质。

辛普森的学生托马斯·特拉克辛(Thomas Traction)* 在耶鲁大学获得博士学位后,转到了洛克菲勒研究所李普曼的实验室。不久,他和李普曼就当时生物学家们极感兴趣的题目"谷胱甘肽的合成"发表了一篇颇有争议的文章。当时,辛普森正在英国同著名的英国生物学家克里克和马卡姆(Roy Markham)进行几个月合作研究。他回来后,马上打开设备开始继续做关于细胞色素C合成的扩展实验。使他很恼火的是,这个实验怎么也不成功。

"我走遍欧洲,到处介绍我们的成功。而现在我再做却做不出来,想想真气人。"辛普森回忆说。他又用了差不多一年时间想重做原来的实验。在绝望之中,他把特拉克辛从李普曼的实验室叫了回来,让他重做那个实验。

正巧李普曼在荷兰一次会议上见过一个英国科学家,这个英国科

---

* 这里用的是一个化名。——作者

学家说,他感到特拉克辛和辛普森的发现很难重复,于是李普曼脑子里也产生了疑问。辛普森记得,在特拉克辛回到耶鲁大学后,李普曼曾给他来过一个电话:

"我听说特拉克辛正在你那儿。"李普曼说。

"是啊,我们在重复实验时遇到了一点儿麻烦。"辛普森留有余地地回答,他不想在那个时候透露出太多的情况。

"你把牌亮在桌面上吧,我也向你亮底。"李普曼建议说。辛普森同意了。"特拉克辛做的东西,我们都重复不出。"

"我们也一样。"辛普森回答说。

当特拉克辛在重复实验时,辛普森派人轮流看着他。这下子,没有一次实验能够做成功。现在人们知道,细胞色素C这种蛋白质正好是线粒体不能产生的。这件事使辛普森十分消沉。"现在痛苦已经过去,"他说,"但它持续了很长时间。我只好请了一夏天假,重修了我的小帆船。有3个月时间我无法进实验室。真是太痛苦了。托马斯是一个专门骗取别人信任的骗子。对谁他都愿意帮忙。如果有谁要个什么票,托马斯马上就会弄到手。如果你想借车,他会马上给你弄一辆。我不知道他为什么要这样做,除非我们感到他真有精神病。他非常能干,完全不必要这么做。"

特拉克辛在马萨诸塞州学习时所在的大学并没有他获得过学位的记录。现在特拉克辛已经离开了研究工作,他至今仍一口咬定没做过任何不好的事。"我说不清细胞色素C的实验为什么会出问题,"他解释说,"我一直在想这个问题,但始终弄不懂。假如给我机会,我会自己把这些东西撤回来的,但他们不让我这么做。"

李普曼和辛普森在一份著名的生物化学杂志上发表了两篇简短的文章,宣布他们不能重复做出和特拉克辛一起做的工作。对于通过传闻了解这件事的生物化学家们来说,这一期杂志被称为"撤销论文特刊"*,但这一事件和当时所有类似的事件一样,完全没有受到新闻界的注意。重复实验本来应该是一件公开的事,它是科学的开放结构的支柱,按照这一原则,一个澳大利亚的科学家可以对巴黎一个研究人员声称取得的成果加以证实或批驳。但辛普森和李普曼所进行的重复实验却主要靠私下的信息和手段。最重要的是,他们拥有重现原来实验条件的设备和知识 ——这是外单位的人不可能有把握做到的——而且他们还有特拉克辛这个人在。通过让特拉克辛在轮流不断的监视下重做以前的实验,辛普森当然可以得出原实验结果是绝对错误的这个结论。一个想要重复同事的工作的科学家,对于实验条件和他的同事通常是不可能有这样令人满意的支配力的。

如果要按"准确"的标准来看的话,那么,要准确地重复某项实验,问题就更难解决了。上面谈到的辛普森和特拉克辛实验的重复,大概是科学史上能实现哲学家关于实验可重复性的理想的极罕见的特例之一。在现实世界中,完全照原样重复一项实验是不实际的,原因如下。

(1) **配方不全**。一项实验在发表时,其叙述往往是不完全的。遗漏之处不在于重大的概念性问题上,而在于实际操作技术的微小细节上。正像烹调书上的配方省略了每个厨师都知道的细节一样,科学家们在叙述实验时也是这样做的。但是,这些细小的技术要点对于实验的成功往往是十分关键的。尽管作者以为大家都知道该怎样做,但除了范围很小的几个研究人员之外,其他人很可能都不知道。有些必不可少的细节甚至往往是故意删除的。一个研究人员作出新发现以后,为了取得优先权,必须将自己的发现付诸发表,但他在探索该项发现的后果时,也会希望把这方面的工作暂时作点保留。这两个目的都可以

* 原文 retraction issue 是双关语,有"撤销论文特刊"的意思,也有"重评特拉克辛问题"的意思。——译者

用发表文章时留一手的办法达到。

（2）**资源不足**。重复一项实验往往需要投入很多时间和财力物力。要买设备，要掌握一种技术，在生物学方面，常常还要制备或向该项实验的首创者借取专门的细胞和试剂。重复实验不像呼吸那么容易；一个科学家只有在他认为结果有意义时才会去这样做。

（3）**缺乏动力**。重复什么样的实验才有意义呢？简单的回答是：重复任何实验都没有什么意义。因此，也很少有人这样做。之所以会出现这种乍看很奇怪的现象，根本原因在于科学的奖励制度。首创者有奖；而第二名则一无所获。重复人家的实验，顾名思义指的就不是首创的东西。除了在某些特殊情形下，重复做出并证实他人的实验是无功可谈的。重复不成别人的实验也没有什么实际价值，实际上，这种价值之小，往往连科学家都不屑于将实际情形付诸发表。总之，任何重复不管其结果如何，只要它的目的单纯是检查一个同行的工作是否正确，就很少有机会赢得荣誉。

当然，在科研中确实有被人们重复做的实验，但那不是出于哲学家们侃侃而谈的那种纯洁而完美的方法论的原因。科学家们重复自己的对手和同行的实验，一般说来就像有抱负的厨师重复他人的烹调配方一样，是为了**做得更好**。当一个科学家宣布了一项重要的新技术或新实验时，他的同行们都会来重复他的工作，但他们的出发点是要搞出个更好的东西，将它引入一个新的方向，设法在他工作的基础上进一步加以发展。所有这些都不是毫无改变地重复原来的实验，因为他们的目的不是要证明另一个科学家的发现正确与否，而是为了改进或进一步发展。

当然，正是在这种改进配方的过程中，一项实验可以得到证实。如果其他人发现该实验对他们也适用，那么，该项实验的配方显然同客观世界有着某种关系，它就会被纳入某个特定的总烹饪法中，用来创造其他更好的配方,为厨师争得更大的光彩。反之,如果一种配方不灵,别人就不会使用它,也不会将它编入烹调书。一个厨师绝不会因为证明了某种配方很糟糕而使自己名气上升。几乎所有不正确的理论或实验都是因无人理会而自行消亡的。

科学家们只是在试图发展某个人工作的过程中,间接地证实了这个人的工作。把重复一项实验说成是检验它正确与否的手段,完全是骗人的鬼话,是科学哲学家和科学社会学家们凭空杜撰的推理产物。只要看一看一个科学家试图通过重复实验来达到检验其正确性的目的会遇到多大的困难,就可以证明这一点。

用重复的方法进行检验,实际上往往被看成一种直接的挑战。暗示某个研究人员的工作可能有问题,会马上引起对立情绪和防范心理。1979年3月,瓦赫斯利希-罗巴德(Helena Wachslicht-Rodbard)只是要求调查一下耶鲁大学两个教授是否真的做过某个实验,就被人们嘲笑和冷落了一年半时间。要不是她出示了那两个教授从她文章中剽窃的60个字作证据的话,她是不可能得到进一步的证据把官司打下去的。可是一旦开始了调查,就像我们将在第九章中介绍的那样,整个纸房子就倒塌了下来。

认为科学研究是公开的,一个关键的假定是:一个研究人员会理所当然地应同行的要求向他们提供自己的原始数据。可是真的要对这一假定作一个科学的检验的话,人们就会发现,它是非常荒谬的。心理学家沃林斯(Leroy Wolins)报告说,艾奥瓦州立大学一个研究生曾给37位在心理学杂志上发表过文章的人写信,索取有关这些文章的原始数据。[12]沃林斯指出,在32个作了答复的作者中间,竟有21人声称他们的数据不幸已经"找不到、遗失或不小心毁掉了"。人们该会认为,像原始科学数据这样宝贵的东西,一般应保存在比较安全可靠的条件下。其余11个回了信的人中,两人"同意提供数据"。"但前提是他们必须知道我们要这些数据打算做什么，还说他们有权支配我们将发表的与这些数据有关的任何东西。……就这样，我们从9个作者那里得到了原始数据……"

通过这9份回收到手的数据中出现的可怕现象，人们多少可以理解要拿到那28份"遗失了"或不能给的原始数据的难处所在了。及时送到并已作过分析的有7份，其中3份在统计上有"严重的错误"。沃林斯这项研究的含义可怕得简直不能容忍。愿意提供自己原始数据而且不附带利己条件的科学家占不到1/4，而经过分析，其中仅在统计上有严重错误的就占了将近一半。理智的、能够自我纠正、自我管制的学术界怎么能这样做呢！

沃林斯的这个实验是1962年做的，1973年克雷格(J. R. Craig)和里斯(S. C. Reese)作了一次类似的探讨，尽管细节不那么惊人，但反映的基本情况可以说是相同的。[13] 他们向某个月在心理学杂志上发表过论文的53个科学家索取原始数据。9人直截了当拒绝了，说他们的原始数据找不到、丢失或毁掉了；有一个看上去很有成果的作者甚至宣称："不公布原始数据是我坚定不移的政策。"8个人未作答复。多少表示愿意合作的只有一半人——20人寄来了数据或扼要的分析，7人有条件地提供了数据。

原国立卫生研究院院长弗雷德里克森(Donald Fredrickson)在1981年3月戈尔议员主持的调查舞弊委员会听证会上作证前夕宣布："我们有意识地保留了一支很小的警察部队，因为我们知道坏人坏事会自动地被发现和剔除。"毫无疑问，弗雷德里克森说的完全是心里话，科学家们正是按哲学家和社会学家们构想出的有很强迷惑力的观念来看待自己的职业的。像所有的信奉者一样，他们总是按照信条来解释他们所看到的一切。哲学家和社会学家们说，科学是自我管制的，重复实验可以自动荡涤一切污浊;科学家们在念书时接受的就是这种教育;因此,它是不容置疑的。

但事实上很少如此。在所有发表的学术论文中,大约有一半在发表后的一年里根本无人援引。[14] 由于科学家在发表自己所做的工作时,都应提及自己工作所借助的所有论文,所以一篇文章从未被人援引过,说明它对其他科学家的工作没有一点影响,因而对整个科学的进展也毫无影响。科学界全部产品中这无人援引的一半基本上无人检查,无人重复,甚至无人看过。这就是科学界的阿尔萨布蒂们能够畅行无阻的背景。至少在这一半科学GNP(国民生产总值)中,弗雷德里克森所说的"坏人坏事会自动地被发现和剔除"云云,很可能近乎白日做梦。

要检验这一说法,最好看一项被多次引用、处于该学科中心并且是激烈辩论焦点的发现。如果这样突出的发现还得不到审查,那么,即使在科研事业最充满批评的领域,也谈不上自我监督机制的运行。

西里尔·伯特(Cyril Burt)和同卵孪生子一案就涉及"智力能否遗传"这样一个科学界和公众历来在辩论的、有着重要影响的问题,但这个案子始终未被伯特的同行们发现和摒弃。我们在第十一章中还要介绍,那些依靠伯特实验结果的人,对这些结果既没有进行过审查,也没有重复过实验,甚至连认真的评价都没有作过。而20年后一个持有疑问的观察者仅用了几分钟的审查,就证明了伯特的统计根本站不住脚。

还有一项涉及实验心理学的重大课题,多年来也逃过严格审查的案例是小艾伯特案。艾伯特(Albert)是心理学教科书连年引述的一个11个月的幼儿。他是华生(J. B. Watson)在一项研究中叙述的一个也是唯一的一个实验对象。华生是20世纪20年代和30年代风靡美国心理学界的行为主义学派创始人。他在一项实验中用条件反射的方法使小艾伯特害怕小白鼠和其他毛茸茸的物体,这项实验后来被奉为人类条件反射的范例。

后来的心理学家未能重复做出这项研究，但它并没有妨碍小艾伯特的生动故事在长达60年的时间里成为向心理学专业的学生灌输的内容。1980年，堪萨斯州立大学的扎梅尔松（Franz Samelson）对华生的实验提出了严重的疑问。小艾伯特确有其人，但对华生信件和资料的研究表明，条件反射的发生不可能像华生所述的那样。

为什么华生和伯特的这些有问题的实验都能在这么长的时间里被心理学家们当成正确的东西加以接受呢？扎梅尔松提到坏苹果理论只是为了说明问题出在制度本身："他们两人可能都坚信自己的理论见解是正确的，以至于认为实际数据中的问题根本无所谓。……但最终，对这两个人意图的关注都不了了之。它用了至少两个人和那么多时间来找证据，而这些证据的效果在他们来说又是那么不合算。结果，真正的（尽管令人痛苦的）问题却变成：我们为什么不早注意呢（或者说，如果注意了，为什么不留有文字记录呢）？"15

当然，未发现错误的一个原因是，大部分运用伯特或华生实验结果的心理学家并没有想去重复他们的实验。除了没有在内部对这些数据进行批评外，扎梅尔松指出："科学方法的基本规则即重复实验明显被忽略了。为什么那些借助华生和小艾伯特培养了一代又一代大学生的人中，就没有一个人去重复这项研究呢？……从技术上说，我们不得不承认或面对这样的事实：按说应是捍卫科学知识尊严的两大机制——（公开的）批判分析和重复实验，在一些情况下确实失效了。"扎梅尔松还极为讽刺地谈到，伯特和华生这两个人都"非常强调他们科学的客观性和完整性，不像他们某些对手那样糊涂"。

显而易见，重复实验不是科学烹调书中的关键配料。当然，它不时被当作调味品用，但其作用也仅止于此。如果科学的自我管制并不只是一种想象的机制，而且重复实验的做法也一直在实行着，还会有多少谬误和骗人的科研活动出现呢？只要看一看确实存在一点点外部管制的一个科研领域,就可以间接回答这个问题。这种外部的管制力量居然查出了大量低水平的科研、严重的错误和蓄意的欺骗。

科学舞台上这个令人不快的角落就是生物检验。每年,工业界要把成千上万份关于新食品、药品和杀虫剂安全性的检验结果送到美国食品药品监督管理局(FDA)或环境保护局(EPA)。政府的官员们要审阅这些材料,如果发现可疑的地方,他们会派一个检验员找提供这份材料的医生或实验室。人们可能会想,只有最严重的或最大意的错误才会在这种审查中被注意到,但是,尽管这两个机构的人力很有限,他们还是不断地查获了大量伪造的结果。下面是过去10年中发生的几个例子。

兔子埃比尼泽。FDA一个科学调查组发现,1967年至1973年期间受到检查的每50个医生中,就有16个人向主管公司和政府提供过药品的假数据。有一个医生提交了他在研究时拍摄的一些动物肝部区段的幻灯片:这些区段原来竟是取自同一个肝脏。一名研究人员也采取了类似的省事办法,他的所有动物试验都是在一只叫作埃比尼泽(Ebenezer)的兔子身上做的。[16]

安德烈亚·多里亚现象。检查可疑情况的FDA检查员们发现,原始数据中的问题太多了,他们称之为"安德烈亚·多里亚现象"。[17]在1979年10月由参议员肯尼迪(Edward Kennedy)主持的听证会上,FDA官员讲了一个"31号博士"的故事,这位博士就两种不同的药向两家公司提供了同样的化验数据。当要他提供证据时,他对检查员解释说,他是这样一个工作狂,居然把所有的原始数据带出去参加野餐了。这些材料在他乘坐的小船翻船时丢失了。他承认报上去的材料是编造的,但他曾经试图使这份材料尽可能地做到与丢失的那份一样。当检查员们听说他准备找一个护士来证明事故发生时她也在船上时,他们对这一动人故事的兴趣一下子就没了。[18]

魔笔研究。1975 年一个调查另外某件事的 FDA 官员偶然翻出了一份关于抗关节炎药物纳波辛（Naprosyn）的材料，这种药是由一家名叫"工业生物检验"的公司检验的。从卷宗中可以看到，这家公司收到过检查令。"我们在那里的发现真是令人发指。"FDA 一位病理学家说。[19] 例如，有一件骇人听闻的事是：根据数据纸上的记录，有的大鼠竟死亡过两次，有些动物在被列入死亡名单后不久，工作日志上还不断地记录着它们的体重。实验室技术员们像变魔术一样凭空写出观察记录，有时实验鼠死了也不作解剖分析，等尸体腐烂后才开始着急。技术员们为一项实验起了个"魔笔研究"的名字，因为该项实验最终报告中所述的有些分析工作根本就没有做过。[20]

6 年以后，也就是 1981 年 6 月，根据这份意外翻出来的卷宗，这家公司的总裁和另外 3 名高级官员因伪造检验结果罪而受到起诉。这些官员们被指控在 1970 年到 1977 年期间在 4 项动物研究中伪造数据，据一份起诉书说，他们隐瞒了许多除臭皂都含有的 TCC 在使用最小试验剂量时仍造成老鼠睾丸腐烂的事实。他们被控告编造对纳波辛所作的血液和尿的研究结果，编造了某一杀虫剂和某一除草剂的致癌研究数据。[21]

工业生物检验公司灾难。起诉书提到的 4 项研究只是引起它倒运的一小部分。工业生物检验公司是美国最大的独立经营的检验实验室之一。它曾对 600 多种化学品、药品和食品添加剂作过安全和效能方面的检验。根据该公司检验结果获准的物质，被广泛应用到了从花园杀虫剂到冰激凌添色剂、果冻、果汁饮料、隐形镜片、日用漂白剂等消费品的生产中。环境保护局的一份审查报告表明，工业生物检验公司所作的所有长期性老鼠研究和绝大部分其他检验结果都是不可靠的。[22]

帽子下出来的老鼠。"我们遇到过独出心裁的伪造，它能使试验动物在一项研究的整个过程中时出时没，这使我们怀疑，到底是什么人在玩弄把戏，是一个毒理学家还是一个魔术师？"FDA 官员比森（Ernest L.

Bisson)在1977年说。[23] 他又说,这些做法是"个别现象,不能代表报送给FDA的所有数据"。但是,除了这些看得见的错误以外,还会有多少舞弊存在,那是无法得知的。"你必须依靠科学界的诚实,但什么事都不能完全打包票。只要有假数据存在,有编造的数据存在,要百分之百地抓到就是不可能的。"FDA发言人派因斯(Wayne Pines)在工业生物检验公司的丑闻被揭露后指出。[24] 鉴于在工业生物检验公司和其他实验室发现的大规模舞弊问题,FDA已经制定出整顿实验室风气的规定,整个检验行业的标准正在严格化。但明目张胆的舞弊案仍不断被揭露出来。据FDA的官员1980年说,在全国大约12 000个临床研究人员中,"干了某种(与诚实的研究)不相称的勾当的,也许多达10%"。[25]

在科研中,舞弊行为究竟有多普遍?对这个问题当然不可能有确切的回答。首先,可能查获舞弊的机制已被证明最多也只能偶然地起作用,因此,这个问题只能大约地加以估计。"奇怪的是,在科学中,蓄意的、自觉的舞弊极为罕见。……唯一而且众所周知的一例是'辟尔唐人'(Piltdown Man)案。"物理学家兼科学观察家齐曼(John Ziman)在1970年宣称[26]*。科学家们在公开场合下仍然经常不顾事实地强调舞弊很少发生。其他人相信,由于舞弊很难察觉或证明,或是为了避免当众出丑,有许多舞弊案都未予报道。一个其实验室曾发生过这类舞弊的科学家说道:"我以为,企图作假的事比公开报道的要多得多。这些事也许是小得不值一提,或者是证明起来太难。或者更重要的是,人们认为揭发这种事太危险。揭发人一般都要遭到被揭发人的诽谤。因此,人们通常的态度是'干吗要自找麻烦?把那个人悄悄打发走就算了'。"[27]

有的观察者觉得,舞弊案的数量因研究人员的科研质量控制系统

---

* 参见约翰·齐曼著《真科学——它是什么,它指什么》,曾国屏等译,上海科技教育出版社,2002年。——译者

受到越来越大的压力而略有上升。佐治亚大学生态学家高利（Frank Golley）在生物学编辑委员会1981年年会上说："我们现在面临的问题是，要保证出版质量代价太高，工作很困难。一个人如果伪造数据，或者剽窃他人的论文或申请经费的报告，是不大会被人察觉的。《科学》杂志报道了一些令人震惊的不道德行为的案子，但我以为，这些案子只不过是冰山一角而已。"[28] 在数据上搞浮夸的倾向在"论文提要"这种形式的出版物中表现得尤为突出。"有一种很难分辨的伪造，比任何人知道的都要普遍，"哈佛医学院前院长埃伯特（Robert H. Ebert）说，"实验的结果还没有出来，就把它写成论文提要加以发表。这种风气很坏。应该特别强调科学的准确性，不能再容许任何人那样做。这是当代的一个道德问题。"[29]

这些看法同科学家们常常在私下谈论其同行时的调门是相一致的。有时这种议论并不是要人认真对待的，但别人听到时常常会觉得句句当真。舞弊，或者说至少私下议论中提到的舞弊，是那么普遍，以致有些专业科研人员有自己专门的行话——"干做"（dry-labbing it），这个词就是用来表示凭想象而不靠实验取得数据的做法的。

当然，很多问题也取决于科研中的舞弊究竟怎么界定。彻头彻尾地伪造实验可能不多，一个重要的原因是很难做得逼真。但是，搞些小花招——改改数据，在统计数字上做点手脚，想方设法只报道于己有利的数据——完全可能像科学界私下议论中所估计的那么普遍。巴伯（T. X. Barber）在他关于实验中易犯错误的研究文章中说，尊重科学研究的准则，"很可能足以防止'较大规模'地伪造数据在行为研究领域中发生"。"然而，现在的问题是，这些准则是否也强大得足以防止'小规模'的作假发生呢？譬如说，研究人员把数据或统计数字改得正好'修去了棱角'，使其结果更易（为刊物发表或同行们'接受'），或更符合他们信奉的理论。"[30]

除去有意伪造数据,更多的大概要算自我欺骗了。正如第六章中还要谈到的,人在看东西的时候,总倾向于看他想看的东西,这在科学研究中也是屡见不鲜的。比这更坏的是解释数据时表现出的无意识的偏见,当科学家们对实验结果有某种个人的偏爱时尤其如此。"不自觉的或朦胧感觉到的欺骗在科学中流行甚广,这是因为科学家是有着自己文化根源的人,而不是寻求外部真理的机器。"古生物学家古尔德写道。[31] 自觉和不自觉地玩弄数据,在这两者之间好像有一个明确的界线,但它们各自处在一条谱带的两头,在它们中间是一片由半意识的花招形成的明暗模糊的朦胧区带,所以它们并不是截然分开的两种行为。

人们就舞弊问题所作的调查不多,也不充分。英国《新科学家》(New Scientist)杂志在1976年曾问它的70 000名读者:他们是否了解或怀疑有任何一例"有意的偏见"?[32] 收到的答复大约有204份,其中一份据称来自一只实验老鼠。也许并不奇怪,在那些答复者当中,有92%的人说他们直接或间接地了解到科研中欺骗的事情。[33] 从这个例子来看欺骗的真正发生率,恐怕还不能说明什么问题。

1980年在化学工程师当中作了一次更有趣的调查。[34] 每个人都被问到这样的问题:如果自己的老板要他伪造数据,并颠倒黑白地写一份报告,说一种催化剂比另一种催化剂好,他会怎么办?令人意外的是,只有42%的化学工程师选了"拒绝写这份报告,因为这样做是不道德的"这条答案,其他人则选择了各种各样的妥协做法,其中多数谈到要在一定程度上按老板的命令去歪曲情况。

由于没有可靠的数据,因此对舞弊的发生率只能一般地作个估计。有一种观点认为,科研中舞弊的发生率和整个社会中舞弊的发生率应该是一样的。"舞弊虽然同科学研究的宗旨是矛盾的,但从结构上看,它又是当代社会的学院式研究的通病。"社会学家温斯坦(Deena Weinstein)这样评论说。[35]

我们的观点是,科研中的犯罪率受三种主要因素的影响:一、有益可图,二、对被抓获的可能性的判断,三、科学家个人的品德。我们认为,最后一条同整个社会的道德标准一般来说是相同的,所以我们认为,一个科学家的品德如何,就要看他对引诱犯罪的因素有没有克制力。

一方面,在科研中舞弊被抓获的可能性是相当小的。科研中的重复实验是哲学上的一种构想,而不是生活中的现实。当人们根据其他理由怀疑有舞弊的可能时,可能通过重复实验加以证实,但它几乎从来就不是怀疑的主要原因。这里谈到的许多案例都是凭空捏造式的舞弊,它们的暴露都是由于舞弊者太张狂或者太疏忽。如果只靠科学的"自我管制机制"来防止舞弊,一个科研人员只要稍加小心地搞些小小的舞弊,他就几乎肯定不会被发现。

另一方面,欺骗所能够得到的好处可能是个相当重要的问题。搞科研就要有成果。好的成果比一般的成果更容易得到发表,更有利于弄到下一笔研究经费和得到晋升、谋求终身任职、名誉和奖励。既然好处很多,而且风险很小,可想而知,小舞弊一定是很多的。

这里叙述的多数案例都涉及较大的舞弊,也就是说,报告的实验纯属虚构。而实验人员从真的实验中挑选或歪曲数据,使之看上去更合理,更有说服力,则属于小舞弊。我们估计,每有一个大舞弊者被揭露出来,就会有一百多个类似的大舞弊者逍遥法外。而每发生一起大舞弊,就会有一千来起小舞弊得逞。读者可以对这种倍数关系提出自己的看法;我们的看法表明,每一起被揭露出来的大舞弊,代表了大约十万起隐藏在沼泽般的科学文献废纸中的大大小小的舞弊。

不管人们对科研中舞弊的确切发生率有什么样的估计,重要的问题在于,舞弊确实存在,而且以远不能忽视的比率发生着。本章和下一章谈到的科研自我管制的松散性,造成了舞弊日益猖獗的状况。当代科学的奖励系统(reward system)和职业结构(career structure)是促使舞弊发生的因素之一。这就是玩弄数据的利己行为侵蚀近代科学的原因所在。舞弊的根子是在科研的本身,而不是偶然滚到人们眼前的几个坏苹果。

◇ 第五章

精英集团的权力

对于学术界的组成情况，人们很容易想象而知。每种想法都按其实际价值决定取舍，而对每一个人都按其想法的价值作出评判。等级制度的必要性极其有限。学术界的每一个成员按其贡献而不是按其社会等第等个人属性享受着各自的地位。精英集团可能会存在一时，但它将随着其存在的必要性的消失而不复存在。

"一项研究成果能否得到承认并写入科学的史册，不取决于提出这项成果的人的个人或社会地位；与这个人的种族、宗教、阶级以及人品也都没有丝毫关系。"科学社会学家默顿在 1942 年的黑暗岁月中写道。[1]默顿的这段话是在描述"普遍性"（universalism）原则，在他看来，这是构成近代科学精神气质的四大要素之一。

一般说来，所谓普遍性原则在阶级社会中显然是不存在的。每个国家都有这样或那样的阶级结构，而在这些阶级结构中，又充满着形形色色的朋党帮派，人们竭力地追求着名望地位，以图为自己带来好处。如果默顿所说的不错，那么科学界无疑应该是一个与这类行为不相干的世外桃源，它之所以如此，不是因为谁想这么做，而是在于新的想法如要得到有效的评价并汇入知识的宝库，就必须把普遍性原则当作一个重要的先决条件。

在科学界，普遍性原则到底实现了多少？我们可以联系两个其功能实质离不开普遍性原则的机制来看这个问题。第一是同行评议,政府向研究人员拨款就是靠这种煞费苦心的过程。在美国和多数其他国家,政府决定在癌症研究、国防等方面花多少钱,但在这些大框框下面,哪些研究人员应该得到钱,则不是由政府官员决定,而是由精通这一行的科学家委员会决定的。这些同行们组成的委员会构成了同行评议系统;由于他们对经费申请的意见决定着申请人能否得到研究经费,所以科学界的大权掌握在他们的手中。

第二个机制是论文审查制,即学术刊物的编辑把送来的论文稿寄给该领域的专家审阅的做法。审阅者要对论文的科学方法论是否合适,研究结果是否代表一项值得发表的重要进展,以及作者在援引前人的工作时是否提到他们等问题提出自己的意见。这两个机制再加上重复实验(已在第四章讨论过),就构成了防止错误发生的三保险网,即所谓的科学"自我管制"系统。

不过,与重复实验不同的是,同行评议和论文审查制直接依存于普遍性原则所包含的公正、不偏不倚等理想。如果科学的普遍性原则能够始终得到坚持的话,同行评议和论文审查制就能很好地发挥作用;背离普遍性原则,就必然会相应地使这两种机制严重失灵。个人的偏爱是破坏同行评议和论文审查制的作用的因素之一。另一个因素是随机性,这种现象的发生是由于审查结果因人而异,最终结果不是取决于事物本身的是非曲直,而是取决于审查人是谁。

约翰·朗的案例说明了名望和地位是怎样冠冕堂皇地掩盖了一项科学计划,以致评议人和审稿人完全看不出这项计划的实质。[2]约翰·朗在马萨诸塞州综合医院工作,这所医院是世界上最有名望的科研与教学医院之一。他是一个正在上升的年轻研究人员,很受医院领导器重。他的研究课题是霍奇金病,这是一种像癌一样的起因不明的病症。

约翰·朗在1970年作为实习生进入这家医院,在著名学者、美国科学院院士查默奇尼克（Paul Zamecnik）指导下从事研究。查默奇尼克认为霍奇金病可能由一种病毒所致，当时他正设法在试管中对这种病的肿瘤细胞进行培养。在试管中进行细胞培养是研究这些细胞的生物化学特性、探讨病因的重要的第一步。这样培养的细胞，经过一段时间大部分都死亡了，而约翰·朗却异乎寻常地搞了几个永久性细胞系。

这些细胞系成了约翰·朗一步登天的基础。他和查默奇尼克在《美国科学院会议录》（*Proceedings of the National Academy of Sciences*）等杂志上发表文章大加叙述。1976年，他从国立卫生研究院得到为期3年、总数达209 000美元的研究经费，1979年又得到55万美元。他还被配备了两名助手。他在享负盛名的哈佛-波士顿医学界结识了不少要人。1979年7月，他被提拔为马萨诸塞州综合医院病理系副教授。他开始同著名癌症专家巴尔的摩的研究小组合作。卡普兰（Henry Kaplan）编著的关于霍奇金病的标准教科书1980年版以赞扬的口吻介绍了他的工作。

在此两年前，即1978年春天，约翰·朗曾遇到一个虽然不大但却令人烦恼的问题。他和他的助手夸伊（Steven Quay）等人写了一篇关于他用试管培养的霍奇金病细胞免疫学的文章。夸伊测量了细胞的某项特征，发现数值比预期的要小好多。约翰·朗将这篇文章投到一家杂志后，该杂志根据一个审稿人的意见未予发表。据那位审稿人说，夸伊所测得的数据应进一步弄清楚。

1978年5月，夸伊休了两个星期假回来后得知，约翰·朗已经自己动手重新做了测量，并获得了一个更接近预期数值的答案。这篇文章又一次送到了那家杂志并得到了发表。[3]

夸伊是一个细心的实验人员，说他原先得到的答案是错误的，使他颇感意外。同时，他也对约翰·朗这么快就做完这么复杂的测量感到疑惑。但直到一年多以后，即1979年10月中旬，他才开始怀疑约翰·朗根本就没有做过这一测量。夸伊不无惶恐地向约翰·朗提出要看他的原始数据。但每次后者都推说数据找不到了，并怒气冲冲地责问夸伊是否知道提出这种要求暗示着什么样的指控。

夸伊当然清楚自己所做的事的严重性。在医院这样一个等级森严的单位，一个初级生物化学研究人员敢于怀疑自己的顶头上司伪造数据，还是小心点为好。像约翰·朗这样有众多关系、地位牢靠的医学研究人员，会不顾身份去假造一份实验数据吗？这样做又有什么必要呢？是坚持还是放弃要求看约翰·朗的原始数据呢？夸伊在痛苦的矛盾中度过了两个月。

1979年的圣诞节前几天，夸伊最担心的事终于发生了。约翰·朗突然一反常态，把一本写满那篇论文原始数据的笔记本交给了夸伊。夸伊翻阅了一下，对自己竟然会怀疑同事的诚实感到吃惊。他马上找约翰·朗谈心，对自己原先的做法感到内疚，并连连向约翰·朗表示歉意。约翰·朗宽容地接受了道歉。

两个星期后，夸伊还没有顾得上看这本笔记。他想到很快就得把它还给约翰·朗，于是便把它带回家去研究一下。一天夜晚，当妻子和孩子入睡后，夸伊在客厅里打开了笔记本。"光线斜射在纸页上，使我发现了一件从未看到过的东西。"夸伊说。有一幅照片是用透明胶带贴在笔记本上的。在灯光照射下，胶带上显出了一道凸痕。夸伊把这条胶带揭开，发现下面还有一段胶带，好像是有人把这幅照片从另一本笔记本上撕下来但没想到要掩盖痕迹。经过细看，他相信约翰·朗拿出来的数据很可能是假的。1980年1月，他把自己的怀疑告诉了马萨诸塞州综合医院病理系主任麦克卢斯基（Robert McCluskey）。

麦克卢斯基找约翰·朗对质，但后者矢口否认。他说，他确曾如同自己报告的那样做过那些实验，他还拿来了测量时所用的超速离心机的工作记录本来作证。

球现在又踢回到夸伊的场内。他似乎觉得工作记录本上的记录是后来重写的,但麦克卢斯基说,要证明约翰·朗说谎,证据还不充分。

但是,夸伊对记录本上机器运转计数器的读数记录产生了怀疑。他根据记录中的运转时间和计数器的转速,算出了应有的读数。记录本上的读数记录每次都远不够数。从好的方面解释,可以说这部机器就像一般超速离心机经常发生的那样,由于机器过热,所以还没使用完毕,机器就停了下来。

夸伊当着麦克卢斯基的面首先问约翰·朗,当他回来时机器是否还在运转。约翰·朗说,是的,还在运转。于是夸伊向他和麦克卢斯基解释,为什么工作记录本上的数据前后不一表明那个实验根本不可能是像约翰·朗所说的那样做的。

麦克卢斯基后来追述说:"朗承认这是迫于巨大压力而犯的错误,并说这个压力就是要申请到研究经费。"约翰·朗立即辞去了马萨诸塞州综合医院的工作。接着有关方面又开始了一次调查,弄清了他的整个研究生涯。他的另一个助手、病理学工作者哈里斯(Nancy Harris)发现,他的全部资本——四个霍奇金病细胞系——有一系列一个比一个更严重的问题。

这四个细胞系据称都来自不同的病人。哈里斯先是发现,其中三个细胞系不是来自不同的病人,而是来自同一个人。经过进一步研究,发现了一个奇怪的事实:这个所谓的"人"竟然不是人。经过更细致的研究,这些细胞的主人原来是一只哥伦比亚北部的棕足枭猴。[4]

约翰·朗首次培养出这种细胞系,是在查默奇尼克的实验室。哈里斯查阅了该实验室的记录本,发现约翰·朗当时正在研究枭猴的细胞。显然,培养霍奇金病细胞的试管被枭猴细胞污染了。试管内的霍奇金病细胞死亡后,剩下的都是枭猴细胞了。约翰·朗否认污染是有意造成的。

至于第四个细胞系,经查明是来自人体,但其中的问题可能更糟。约翰·朗和他的导师查默奇尼克曾说,这个细胞系出自"脾脏霍奇金病肿瘤"。[5]但人们在他辞职后所作的一次病历检查表明,那个病人的脾脏根本就没有肿瘤。[6]培养这一细胞系的查默奇尼克解释说,他有理由相信确实有肿瘤,只不过尚未观察到,而且以前的论文也提到未看到肿瘤。即使如此,在未观察到肿瘤的情况下就宣称细胞系来自一个霍奇金病肿瘤,无论如何也是讲不通的。他的第四个细胞系不能说是来自霍奇金病肿瘤的细胞。

拨给约翰·朗用于霍奇金病细胞系的 759 000 美元中,到他辞职时已花掉了大约 305 000 美元。因为这些细胞中根本就没有霍奇金病细胞,所以已经花去的钱几乎全部浪费了。但更重要的问题是:他是怎么使自己的申请得以通过同行评议系统,并使自己基本上一文不值的研究工作能发表在很有声望、审稿甚严的杂志上的?

所有这一切,并不是事先没有得到警告的。他的细胞系的基本问题是被其他细胞所污染,这是一个自始至终存在着的危险。这个危险在生物医学研究领域早就被广泛强调过。他和查默奇尼克几乎是唯一成功地培养出永久性霍奇金病细胞系的人,这种情况本身就应像一盏红色信号灯一样,充分引起人们对细胞污染可能性的重视。但他的经费申请却两次都平安地通过了同行评议系统,警告信号未被收到。

"他拿出的数据有足够的可信性,同行评议系统很难作出能够更早发现这个问题的判断。"国立卫生研究院院外研究部主任劳布(William Raub)说。但细胞培养被外界细胞污染是一种经常发生的现象,这本来是同行评议委员会应当发现的问题。国立卫生研究院同行评议办公室的斯基菲诺(Stephen Schiaffino)说:"就凭朗拿出的背景和学历证书,研究科[同行评议委员会]就认为他会清楚这个问题的。"

换句话说,单凭约翰·朗的证书——在查默奇尼克手下接受的训练,以及在马萨诸塞州综合医院任职——同行评议委员会就可以认为他的工作理所当然没有问题。他从自己结交的人和机构的威望和地位中捞到了好处。正如阿尔萨布蒂的研究生涯全靠剽窃论文一样,他的发迹基本上靠的是精英制度。阿尔萨布蒂仅仅是昙花一现,而精英集团的权力却使约翰·朗红了10年之久。要不是夸伊查出他在炮制假数据时出现的一个计算错误的话,时间肯定还会更长。

同样的特权也使约翰·朗的论文顺利通过了论文审稿制度,一经写成就毫无阻拦地得到发表。同一张细胞系染色体的照片,《美国科学院会议录》[7]和《实验医学学报》(*Journal of Experimental Medicine*)[8]都发表了。"一看就知道这不是人的细胞系。"奥克兰海军生物科学实验室细胞培养专家纳尔逊-里斯(Walter Nelson-Rees)说。纳尔逊-里斯在解释为什么这一事件持续这么久时,提出了两个原因:"首先,这是一个很有声望的单位,查默奇尼克是这个单位的主任。此外,大概还有不作足够的检查就盲目接受的问题。"人类细胞长期在培养基中保存,能够生成不寻常的染色体,但审稿人不应该因此就想不到细胞本身有问题。纳尔逊-里斯说:"任何头脑正常的人,单凭这张染色体的照片就相信这是人的细胞系,哪怕是高度修改了的人的细胞系,都是不可思议的。"

甚至在约翰·朗的问题被揭露以后,马萨诸塞州综合医院当局仍不承认同行评议和审稿机制并没有起作用。约翰·朗毫不费力地两次通过了这些制度上的关卡;他的败露与正式的科学安全机制毫无关系,而只是因为一个有疑问并有坚持精神的初级同事把约翰·朗未发表的笔记本和另一份未公开的文件——超速离心机工作记录——作了比较。马萨诸塞州综合医院研究部主任拉蒙特-哈弗斯(Ronald Lamont-Havers)无视这些事实,仍在国会关于舞弊的听证会上大谈同行评议是防止科研出问题的关键过程。他甚至把这一观点专门与约翰·朗的问题连在一起:"我说的这些话,正是针对朗这样的个别人有意散布假数据的事件。科研过程本身就包含着察觉并摒弃这类错误的手段。……想把数据伪造得连行家都看不出来，是十分困难的。科学的最大保障是同行专家们对一个科学家发表的数据和实验程序进行批判性的评议和分析。……关键的因素是同行专家富于批判性的评议 。"9

拉蒙特–哈弗斯的证词表明，科学家们坚信同行评议能够查出错误。尽管他说的那个案子恰恰提供了完全相反的证据，可是听他说起来，好像该案与同行评议的理论毫无矛盾之处。同行评议能够查出所有的舞弊，约翰·朗搞了舞弊，所以约翰·朗必然是由同行评议查出来了——这就是他思维深处的三段论法。

约翰·朗伪造数据的动机可能永远无从了解，恐怕连他自己也搞不清。当他第一次向系主任承认伪造了数据时，他把自己的行为归咎于为了申请研究经费而受到的压力。关于这种压力，哈佛医学院一位前院长曾作过一个极为精辟的叙述。埃伯特在一封针对约翰·朗的问题给《纽约时报》的信中就提到"从预科阶段（为进入医学院）就开始的，并在以后一直受到鼓励的紧张而且常常是激烈的竞争精神"。"预科学生中舞弊的事屡见不鲜。……一旦学业完结，开始在学术的阶梯上苦攀，就有一种巨大的压力（要他们）去发表论文，这样做不仅是为了不断弄到研究经费，也是为了能够步步高升。……在这种成功能够变成令人垂涎的商品而不是道德行为的环境下，恐怕连天使都会栽下来。"埃伯特说道。10

曾经同约翰·朗合作过的巴尔的摩也提出了同样的看法："由于经费的限制和学术界日益盛行的要求人们出成果的形式主义，研究人员无疑受到越来越大的压力。我可以肯定，每个人都有个承受极限。不过我不知道朗是否和这种情况有关系。"

然而，约翰·朗在国会听证会上作证时，却改变了关于竞争性压力的说法。他在承认错误的同时，又要避免得罪自己所在的医学界，所以把制度上的问题全揽到自己身上。"我认为我的工作环境不能对我的行为负责，"他对国会委员会发誓说，"一个诚实的研究人员应该能正确对待'不出文章则完蛋'（publish or perish）这种传统压力。在许多单位，这种压力都会变成一种重要的积极推动力。我未能成为一个以批判和诚实的态度从事实验工作、坚持客观的科学家，不应同我工作所在的系统的缺点联系在一起。相反，在我看来，正是这个系统有效地纠正了一个误入歧途的研究人员的错误。"

一心想跻身于医学研究精英行列，可能是导致约翰·朗堕落舞弊的一个动机。精英集团不能因为有人想钻进去而受到责难。但如果它要庇护自己的成员，帮他们逃避它所竭力鼓吹为适用于所有人的那种检查的话，它就应该受到谴责。

就拿野口英世（Hideyo Noguchi）的例子来说吧。野口英世是一个在美国医学研究元老弗莱克斯纳（Simon Flexner）栽培下出名的研究人员。弗莱克斯纳有一个非常有名的兄弟亚伯拉罕（Abraham Flexner），后者曾通过1910年一份著名的报告改变了美国医学教育。弗莱克斯纳是第一个分离出痢疾致病机体的人，他帮助组建了纽约洛克菲勒医学研究所（即现在的洛克菲勒大学）。在他的领导下，这个研究所变成了世界第一流的病毒疾病研究中心。

弗莱克斯纳1899年访问日本时，遇到一个很有抱负的年轻日本研究人员，他就是野口英世。野口后来跑到美国拜弗莱克斯纳为师，被弗莱克斯纳收留。野口很快就成了一个超级明星。他跟着弗莱克斯纳，开始了分离多种致病微生物的工作。他报告说，自己培养出了梅毒、黄热病、脊髓灰质炎、狂犬病和沙眼的致病机体。他在一生中共发表了大约200篇论文，这在当时是非常可观的数字。

野口1928年去世时，他的成就已使他在国际医学科学界享有盛名。他在洛克菲勒研究所的一位同事、著名病理学家史密斯（Theobald

Smith)宣称:"历史将越来越雄辩地证明,野口英世是继巴斯德(Pasteur)
和柯赫(Koch)之后微生物学领域最伟大的人物,至少也是最伟大的人
物之一。"

野口的工作并没有像巴斯德和柯赫那样经受住时间的考验。随着
时间的推移,他的所谓培养出多种致病微生物的成果,起初还有人有礼
貌地提出异议,后来干脆悄悄地被人忘却了。也许野口感到有一种必
须不断为弗莱克斯纳出高水平成果的压力。在野口眼里,弗莱克斯纳
是一位可敬畏的严父般的领导。不管野口搞欺骗的原因是什么,他在
世时,这些欺骗性的东西基本上都未遇到挑战。野口作为弗莱克斯纳
的得意门生和名牌研究所的红人,自然也就成了精英集团的一员。这
一身份使他的工作未受到应有的学术审查。

在野口去世大约50年以后,当人们对他的工作进行全面的评价
时,能够站得住脚的东西已经所剩无几了。[11]"人们从野口的学术生涯
中应该得出的主要教训,"一位研究这一事件的人评论说,"恐怕是一个
研究人员的名气不应该阻止人们对他的学术报告作彻底的审查。"[12]

在科学上,精英主义(elitism)的存在有一定的道理,但如果发展过
分,就违背了普遍性原则。只要是精英人物的观点,哪怕很糟,也会被
接受。更严重的是,不少很好的见解,因为提出的人在科学的社会结构
中没有根基而往往被人忽视。

只有不断地将精英们置于同行评议和论文审查制度的检查之下,
精英主义才能继续保持它的合法性。而现实却正如野口英世和约翰·
朗的案例所揭示的,只要你属于精英集团,审查你的文章时就可以马虎
些,审批你的经费申请时就可以松一些,你就会更容易地得到更多的奖
励、编委资格、讲师资格以及科学界各种各样其他的尊称。

不管精英集团在开始时多么合理,事实是谁也不愿意失去自己作
为其成员的资格,或放弃自己曾享受过的权力和种种好处。这些人都

有一种倾向,即总想使自己免受把他们与众人分开的选择性机制的作用。这种情况在科学界有多严重? 从精英集团接纳和保留不合格的人以及把本来应该在里面的人拒之门外这个意义来说,它已经不合理到了什么程度? 由于精英们掌握着经费分配和人员晋升的巨大权力和影响,所以这个问题就特别的重要。

"多数科学家都了解,科学是一个等级划分程度很高的机构。权力和资源集中掌握在少数人手里。"科学社会学家乔纳森·科尔和斯蒂芬·科尔说。他们曾探讨过这样一个问题:精英集团之所以存在,是因为"这些科学家发表了最有意义的工作因而得到应有的承认"呢,还是因为现存的精英集团可以以此来牢牢控制科学的社会机构,推行自己的主张和提拔自己的支持者和学生?

前面说过,衡量一篇论文重要与否的一个简单有效的方法,是统计这篇论文被科学文献中其他文章援引的次数。因为科学家在自己的文章中要对所有在自己前面做过的重要工作致谢,所以一般地说,一篇文章被援引的次数是衡量这篇文章有无影响力的重要尺度。再进一步说,一个科学家毕生工作被援引的次数也能够成为他在某领域的影响力的指数。

科尔兄弟总结说,如果用论文被援引的次数作为衡量标准,那么在物理学领域最重要的论文中,一小部分物理学家发表的文章之多,与他们人数所占的比例极不相称。[13] 反之,一大批物理学家所写的东西似乎对科学的发展毫无贡献,因为这些东西很少或者根本没有被人引用。即使是世界首屈一指的物理学杂志《物理评论》(Physical Review),在1963年刊登的全部文章中,也有80%在1966年全部物理学文献里被援引的次数不超过4次,只被援引过一次或完全未被援引过的文章占47%。换句话说,即使是最好的物理学杂志发表的文章,绝大多数在3年以后也都被物理学家们忘掉了。

科尔兄弟的研究表明,文章常被援引的物理学家只是极少数,而多数研究人员的水平都比较差。这极少数物理学家似乎都是物理学界的精英,他们一般都集中在美国全国最好的9个物理系,而且都是美国科学院院士。因此,至少在物理学界的精英中,有一些人靠的是自己的真水平。在这个意义上可以说,这个精英集团的存在是合理的。但也可能有一个"光环效应"(halo effect)——一个科学家因为在一个名牌物理系工作,所以他的文章容易被人看见,因而被援引的次数也就多一些。

科尔兄弟所说的"光环效应",社会学家默顿称之为"马太效应"(Matthew effect)。他描述过"一种对科研工作荣誉分配不公的复杂模式",已经出名的科学家往往侵占年轻的或不出名的科学家的学术成果。[14] 这种现象在合作研究中尤为突出;如果在一篇论文上署名的是一个不出名的科学家和他的获过诺贝尔奖的老师,那么,全世界都会把这项成就的功劳记在诺贝尔奖获得者身上,而不管他实际上贡献如何。默顿把这种现象称为"马太效应",是因为《圣经》的"马太福音"中有这样一段话:"凡有的,还要加给他,叫他有余;凡没有的,连他所有的也要夺去。"

默顿认为,从总体上说,马太效应对科学交流是有益的,因为在数量日益增多的学术论文中,它能帮助把注意力吸引到那些可能有特殊价值的论文上去。但他承认这种效应也有不好的一面,它埋没了不出名的科学家的工作:"在科学史上,比较不出名的科学家写的重要文章被埋没多年的例子是屡见不鲜的。"欧姆(George Ohm)发现的以他的名字命名的电阻定律,起初一直被德国大学里的科学家所忽视;他们认为科隆耶稣学校一个数学教师的工作不值得引起多大的注意。孟德尔关于遗传基本定律的文章在当时的科学界曾广为散发,但由于他是一个没有学术地位的小小教士,所以当他在世时,他的文章始终未受重视。

"当马太效应成为权威的偶像时,"默顿承认说,"它就违反了科学机构所体现的普遍性规范,阻碍了科学的进步。但是,科学杂志的编辑和审稿人以及科学的其他把关人干了多少这样的事,恐怕人们知道得很少。"

自从提出这一问题以来,人们曾几次想对科学把关人在行使职能时的公正性和有效性作一估价。同行评议委员会里的科学家都是最重要的科学把关人,没有他们点头,研究人员一般都拿不到钱来支持自己的工作。可是,同行评议系统的公正性、有效性又如何呢?

同行评议系统有时被指责为像一个"哥儿们网"(old-boy network),因为它的成员都是从一个精英集团和机构中挑出来的,到头来他们拿到的研究经费最多。据一个批评者、原亚利桑那州众议员康兰(John B. Conlan)说,国家科学基金会搞的同行评议系统"是一个'哥儿们系统'"。"项目主管人要靠他们在学术界的熟人来审查他们的经费申请。这些熟人们推荐他们的熟人来当评议人。……这是一个乱伦的'哥儿们系统',它常常窒息新思想和科学突破,在一个滥用资助权的垄断游戏中,就这样把成亿美元的联邦科研教育经费瓜分殆尽。"

对于同行评议系统,效果最好的检验方法是作一次调查,测量一下受到美国各政府部门资助的科学家的生产力究竟如何。这样的调查从来没有人搞过,所以还不能下明确的结论。另一个方法是从科尔兄弟对国家科学基金会实行的制度的研究中得来的,其结果使同行评议系统的批评者和护卫者都为之惊讶。

科尔兄弟发现,该系统只是在一种意义上可以说是公正的。他们没有发现精英机构的评议人在评议精英机构和非精英机构的经费申请时有偏爱前者的倾向。他们总结说,该系统"非常公正";换句话说,他们没有找到关于"哥儿们网"或"哥儿们系统"的证据。[15] 但科尔兄弟提出了一个出人意料的更带根本性的批评:同行评议系统作出的决断有很大的随机因素。

评议过程越是合理,两组评议人对同一份申请的意见就越应该一致。科尔兄弟把已经被国家科学基金会审阅过的一些经费申请书交给了另一组同样合格的评议人。这些申请书是从固体物理学、化学动力学和经济学三个领域里抽来的,每个领域各50份。实际上,两组评议人对同一份申请书的打分结果相差很大。国家科学基金会同意资助的许多项目,到了科尔兄弟的评议人手上都被否决了,反过来的情况也一样。科尔兄弟推测,某一经费申请的命运一半取决于它的学术价值,另一半取决于显然的随机因素,也可以说是看"确定评议人时抽签的运气"。16

科尔兄弟认为,评议人之间有这么大的分歧,是因为他们对自己领域里高水平的研究是什么或应该是什么的看法不一。评议结果特别有趣,因为选中的两个学科领域(化学动力学和固体物理学)都属于硬科学,打分结果本来应该是相当接近的。科尔兄弟指出:"人们普遍认为,在科学上什么工作好,谁的工作好,什么样的研究有发展前途,看法都应该是一致的。可是我们研究的结果恰恰相反,它表明无论在哪个领域,人们对目前正在进行的工作都有相当不同的看法。"

审稿制度中随机因素的影响程度很可能不亚于同行评议,它审定的不是经费申请,而是论文的质量。起码从人们的议论来看,论文审查比同行评议更容易受个人口味的影响。赫胥黎的一封信表达了人们熟悉的一种感受:对每个曾有论文被拒绝过的科学家来说,"光有真水平没有什么用处,它必须靠手腕和世故作后盾才能真起作用"。"例如,我知道我刚投(给皇家学会)的那篇文章很有首创性,而且很重要,但我同样可以肯定,假如它被送到我那位'特别的朋友'那里去审阅,它就不会被发表。他说不出反对的理由,但他肯定要百般贬低它。……所以我必须想办法不让我那可怜的回忆录落在他的手中。"17

论文审查中的个人偏爱也可能会起另一种作用。著名的英国物理学家瑞利勋爵(Lord Rayleigh)曾投了一篇文章,由于疏忽,文稿上忘了写他的姓名。据他的儿子和传记作者说:"编委会把这篇文章当作某个没有水平的平庸之辈的文章'退了回来'。但当他们弄清了作者是谁以后,这篇文章马上变成有水平的了。"[18] 对论文审查中的偏爱问题所作的更系统的研究,得出了十分混杂的结果。

有人对著名物理学杂志《物理评论》的审稿工作作了一番研究,没有发现系统的偏爱问题。"至少对这家杂志来说,审稿人和作者的相互关系对稿件审查工作没有任何可觉察的影响。"默顿和朱克曼(Harriet Zuckerman)宣称。[19] 但是对用稿连贯性的检查就不那么让人欣慰了。当人们把10篇已发表过的高水平的心理学文章在改掉作者姓名和所属单位以后,重新投到大约两年前发表这些文章的杂志时,只有3篇被看出是作了伪装的假稿子。其他7篇被分给了22个编辑和审稿人审阅,其中赞成发表的只有4人(占18%)。该项研究的作者们总结说:"在编辑工作中存在着相当严重的不可靠性。"*[20]

有人作了一次更巧妙的调查来检查审稿人在审查论文时的理论偏爱。马奥尼(Michael J. Mahoney)让一家杂志把一篇关于儿童心理学一个有激烈争论问题的虚构文章,寄给了75个对这个问题都已有明确看法的审稿人。这篇文章对实验过程的叙述都是一样的,但所要达到的效果不同,有的赞同审稿人的观点,有的是批驳审稿人的观点。结果,"同样的稿子因审稿人不同而遭遇到完全不同的命运"。"当它是肯定的时候(即合了审稿人的口味时),审稿人的意见一般都是略加修改可以发表。结论与审稿人的观点不同时,评价则相当低……"[21]

---

　　* 这项研究是模仿一位自由专栏作家的实验做的。他把科辛斯基(Jerzy Kosinski)一部曾获全国图书奖的小说《步伐》(Steps)重新打印成稿,使之看上去像一个有抱负但还不出名的人的作品,然后寄给14家大出版社。所有这14家出版社,包括最早发表这部小说的兰登书屋(Random House),都拒绝出版。——作者

出于偶然的原因,在送审的稿子中有一个明显的错误。这个错误并没有被所有的审稿人发现:在结果"肯定"的稿子中,只有25%的审稿人注意到了;但当它到了结果被认为是"否定"(与审稿人观点不一致)的审稿人那里时,有71%的审稿人立即发现了这个错误。

作为剔除舞弊和低劣论文的主要机制,论文审查制有时似乎干脆不起作用。就拿印度北方邦兽医研究所3个科学家那起名案来说吧,这3个科学家在著名的《科学》杂志上宣布说,他们在鸡蛋里发现了一种叫作弓浆虫的寄生虫的囊。这种寄生虫过去从未在鸡蛋里发现过,这一新发现引起了人们对公众健康可能受到危害的恐惧。这3个印度人没有忘记指出这一发现的含义,他们最后说:"我们的数据支持了关于生鸡蛋可能是人类传染病源的假说。"[22] 人们可能以为,这样的文章在发表前一定经过仔细的审查。可惜,文章所附的弓浆虫照片后来被发现竟是有问题的。第一,从照片的背景中可以清楚地看出是哺乳动物血红细胞的形状,而在鸡蛋中出现是很奇怪的。第二,经检查,人们可以清楚地看出,文章所附的两张所谓不同的照片,其实是同一张照片,不同之处只是其中一张作了放大,并横过来刊印了而已。第三,这张照片最初是5年前由另一名科学家发表的。《科学》杂志的编委们说:"对这一不幸事件,我们谨向读者们表示歉意。"他们还指出,《传染病学报》(*Journal of Infectious Diseases*)的编辑们也同样上了这3个印度人的当。[23]

谁也不会要求同行评议和论文审查制是十全十美的,尽管它们常常被吹上了天。但这两样东西似乎生来就有相当大的随机因素。当然,一个半随机的系统比一个要求绝对公平合理的东西更容易掌握。它为各种影响决策的非逻辑因素留有更大的余地。善于以假乱真的科学骗子比一个敢于革新的天才有更多的机会通过系统的检查。这种系统的松散使科研领域中形形色色的约翰·朗们一次又一次毫无阻力地渗透过去。

精英主义猖獗腐蚀科学事业的一个突出例子,是斯瓦米纳坦(M. S. Swaminathan)和所谓"沙巴提·索诺拉"小麦的案子[24]。在这个事件中,个人的偏爱每次都把同行评议和论文审查制的机制践踏殆尽。斯瓦米纳坦是印度最著名的农业科学家之一。他于1967年宣布,他和他在印度农业研究所的小组培育出一个新的高产小麦品种。这种被称为"沙巴提·索诺拉"的品种是用墨西哥矮种小麦培养出来的,据称,它的蛋白质和赖氨酸(一种重要的氨基酸)含量比墨西哥矮种小麦要高。

由于植物蛋白的赖氨酸含量很低,素食者从食物中可能得不到足够的赖氨酸,所以沙巴提·索诺拉小麦的培育成功被誉为第三世界科学研究的一个胜利,它将有利于改善发展中国家的营养状况。不幸的是,事实证明,关于这个品种蛋白质和赖氨酸含量较高的说法是错误的。1969年,设在墨西哥的国际玉米小麦育种研究中心(墨西哥矮种小麦就是该中心培养的)发表的一项分析报告表明,沙巴提·索诺拉小麦的蛋白质和赖氨酸含量与它的亲本没有任何不同。

国际玉米小麦育种研究中心这篇报告发表以后,斯瓦米纳坦又发表了至少一篇文章,重申沙巴提·索诺拉小麦蛋白质和赖氨酸含量高的说法。那么,最初的错误结果是怎么来的呢?1972年,斯瓦米纳坦当上了印度农业研究委员会主任,几个月后,他手下一名高级农业专家沙阿(Vinod H. Shah)自杀了,留下了一份写给斯瓦米纳坦的遗书抱怨了用人方面存在的问题,同时还指责说,有人"收集了许多违反科学的数据交给你,以迎合你的口味"。

印度政府组织了一个委员会调查这些指控。原来,农业研究委员会一个高级官员在1968年"蓄意篡改"了亲本的赖氨酸含量测量数据,"以便突出沙巴提·索诺拉小麦的优越性",调查委员会一个顾问小组报告说。可是,这种篡改只是一场大病的症状之一。"印度农业研究所的许多初级科研人员总是感到,他们不能发表不合某个上级口味的发现,而那些不科学的数据却在往上送,以便换取好处和提升。"该小组说。

这个小组觉得,这不是一个孤立的现象。"除了少数例外,"他们的报告接着说,"它充斥着我国整个科学和学术界。其根源是侵染这一阶级的追求权势和贪图享受的欲望。"

印度的文化传统与欧美有很大差异。但即便该小组的言辞可能有偏激或泄怨的地方,这篇报告仍然表明,对精英主义若不严加限制,它将可能严重腐蚀科学界。印度科研系统的官僚权力机构践踏了保证科研成果诚实性的机制。在印度,沙巴提·索诺拉小麦事件并没有被视为斯瓦米纳坦的耻辱。1982年,英迪拉·甘地(Indira Gandhi)总理还任命他领导新设置的全国科学委员会,以协调印度数以百计的研究所。[25]

普遍性是科学界的一个理想,但这个理想在实践中有严重的局限性。遍及科学各领域的精英集团也许有一定的合理性,但科学界的精英主义却直接违背了普遍性的原则,因而有严重的不合理成分。精英集团的成员们受到庇护而逃避了理应适用于所有科学家的检查。

精英们免受检查,是同行评议和论文审查制度的一个严重死角。此外,由于对什么是高水平的研究缺乏一致的认识,这两种制度不可避免地带有随机性,这就严重限制了它们接受新思想、剔除低水平科研和伪科学的能力。同行评议和论文审查制充其量只是一个粗糙的过筛器,而不是科学家所声称的一种可靠的、辨别力很强的系统。它们能够大体地将麦粒和麸皮分开,但仍然免不了在麦粒中混有相当多的麸皮。一个很难做到始终如一地识别好科学(good science)的系统,不可能总是成功地查出舞弊行为,而实际上,舞弊行为几乎从来就不是这样查出来的。

科研的最终把关者既不是同行评议,不是论文审稿人,不是重复实验,也不是所有这三种机制所包括的普遍性原则。最终的把关者是时间。经过时间的考验,谬误终究要破产,伪科学终究不能像真科学那样圆满地解释世界。科研借以起作用的理想机制,在很大程度上只是回过头来才用得上的。"关键的因素是同行专家富于批判性的评议"——甚至在同行评议已经完全失效的情况下,还有一个科学家在谈到约翰·朗的问题时竟然这样说。时间和踢掉所有无用研究的无形之靴是真正的科研把关者。但这些无情的机制需要很多年,有时甚至需要上千年才能见效。而在这漫长的时间里,舞弊可能会猖獗盛行,尤其是如果它能在科学精英主义保护伞下受到庇护的话。

◇ 第六章

自我欺骗和轻易受骗

　　1669年,著名的英国物理学家胡克(Robert Hooke)有一项奇妙的发现。通过演示恒星视差——由于地球绕太阳公转而造成人们所见恒星方位的差——他获得了一项人们早就希望得到的证实哥白尼太阳系日心说的证据。胡克是最早用望远镜作这种观察的人之一,他观察了天龙座γ星,并很快向皇家学会报告了他的发现。这颗恒星有一个近乎30角秒的视差。哥白尼学说终于有了一个完美的实验证据。

　　可是不久,经验科学这一振奋人心的胜利昙花一现地消逝了。法国人皮卡德(Jean Picard)宣布,他用同样的方法观察了天琴座α星,但是根本没有发现任何视差。几年后,英国首位皇家天文学家、杰出的观象家弗拉姆斯蒂德(John Flamsteed)却报告说,北极星的视差至少有40角秒。

　　胡克和弗拉姆斯蒂德都是当时杰出的科学家,也是科学史上的名人。但他们都成了至今仍使许多科学家上当的一种效应的牺牲品。这种效应是这样的一种现象,即实验者自以为看见了自己想要看到的东西。恒星视差确实是有的,但由于所有的恒星离地球都很远,所以这种视差实际上极小——大约只有1角秒,用胡克和弗拉姆斯蒂德使用的那种比较原始的望远镜是看不出来的。[1]

　　自我欺骗在科研中是一个带有普遍性的大问题,即使经过最严格的客观观察训练的人，常常也无力克服想获得某一特定结果的欲望。大量事例证明，许多实验者在记录实验数据时完全出于自己对实验结果的期待，而不顾实际结果如何。这种无意识塑造结果的做法可以通过多种微妙的方式实现。这种现象所影响的并非仅仅个别的几个人。有时某个领域所有的人都被一种共同的错觉所迷惑，法国物理学家和N射线，还有美国心理学家和猿的手势语言等怪事就是这样的例子。

对某种结果的期待导致了自我欺骗，而自我欺骗又导致了轻易受他人欺骗的倾向。本章将要讨论的"贝林格"事件和"辟尔唐人"事件这类科学大骗案表明，有些科学家之所以极易上当，就是因为他们愿意相信那些骗人的东西。无怪乎职业魔术师们说，科学家们由于过于相信自己看问题客观，所以比其他人更容易受骗。

自我欺骗与彻头彻尾的舞弊，两者只是主观愿望上有所不同——一种是无意的，另一种是有意的。但如果把它们看作是相互联系的一条谱带上的两个极端，恐怕就更确切了。在它们之间，是一系列实验者怀着自己也讲不清的动机所干的事情。科学家们在实验室所做的许多工作都带有很大的主观判断因素。也许是为了作某种细微的补偿，实验者在按秒表时可能会略有迟误，他可以对自己说，他这是在为了技术上的原因去否定一项给出"错误"答案的结果；经过若干次这样的否定，到实验可以接受时，"正确"答案的比例可能会达到从量变到质变的程度。很自然，只有这些"可以接受"的实验才会付诸发表。实际上，这个实验者是以挑选数据证明自己的观点，他这样做，在一定意义上说是一种有意玩弄数据的行为，但也还够不上是有意的舞弊。

在临床研究中，由于医生（更不必说病人）的期待心理对研究结果有很大的影响，所以为了克服这种影响，一般都采用所谓"双盲"实验（"double-blind" experiment）的做法，即无论是医生还是病人，都不让知道哪个病人得到的是试验用药，哪个病人得到的是安慰剂。但是，这种

"蒙住"实验者双眼的做法在其他研究中用得却并不普遍。哈佛大学的心理学家罗森塔尔(Robert Rosenthal)曾作了一系列研究,生动地展示了实验者期待心理所造成的结果。他在一次实验中,把两组老鼠发给心理学专业的学生作研究。他告诉这些学生,一组是经过专门培养,善于走迷宫的老鼠,另一组是遗传上愚笨,不会走迷宫的老鼠。他让这些学生测验两组老鼠走迷宫的能力,果然,这些学生们发现,前一组老鼠的成绩比后一组老鼠要好得多。其实,这两组老鼠没有任何区别:它们都是标准的实验鼠。唯一的区别仅在于学生们对每组老鼠的期待不同。但这些学生把他们所期待的区别变成了实验的数据。[2]

也许有的学生有意编造了数据,使之与他们认为应该得到的结果相一致。而对其他学生来说,出现这种数据上的问题则是无意的,其原因要比前一种情况微妙得多。这究竟是怎么发生的,很难加以解释。大概学生们在取放他们觉得成绩会好一些的老鼠时动作特别小心,因而提升了这些老鼠的表现。也许在测量走迷宫的时间时,学生们无意识地为善于走迷宫的老鼠早按了一下秒表,而对那组愚笨的老鼠则晚按了一些时间。不管究竟是什么原因,研究人员在不知不觉中让自己的期待影响了实验的结果。

这种现象不只在实验室工作的科学家才会遇到。我们来看看一个教师对一个班进行智商测验的情形吧。假如他对孩子的智力已有某种先入之见,这会不会影响他的测验结果呢?回答是:会的!罗森塔尔在一项类似于他对心理专业的学生所做的实验中告诉一所小学的教师们,他已经用一次测验预测出某些孩子学习会特别优异。老师们不知道,那次测验只是一次一般的智商测验,而测出的所谓"优异者"是随便挑出来的。到学年结束时,教师用同一份卷子对孩子们重新进行了测验。在一年级,那些已被教师认定为学习优异者的孩子得到的智商分数比其他孩子高15分。二年级的"优异者"们比其他学生高10分。在更高的年级中,情况与教师预期的结果也没有多大出入。罗森塔尔评论说,在低年级中,"孩子们还没有得到在以后各年级中很难改变、并使以后的教师对他们有某种先入之见的名声,孩子们每升一级,他们这种名声要改起来就更加困难"。[3]

有一块特别有利于科研中自我欺骗发展的肥沃园地,就是关于动物与人相互交流的研究。研究人员的期待一次又一次地被投射到动物身上,然后又反射到研究人员自身,而他们自己却不知道是怎么回事。在这类例子中,最出名的是一匹叫作"聪明汉斯"(Clever Hans)的"神"马,它似乎会做加减运算,甚至还会解算术题。它的阴魂不散,因为它的幽灵时常徘徊在实验心理学家的实验室里,只有它那鬼一样的笑声才能表明它的存在,而对于这笑声,其受害者几乎总是迟迟听不见。

训练汉斯的是一个叫作冯·奥斯滕(Wilhelm Von Osten)的德国退休教师。他真诚地相信自己教会了汉斯如何数数。汉斯会用蹄子蹬地报数,报到正确的答案时便停止蹬地。它不仅为自己的主人报数,也为其他人报数。心理学家芬斯特(Oskar Pfungst)对这一现象作了研究,他发现冯·奥斯滕和其他人不自觉地为这匹神马作了提示。当这匹马蹬蹄的次数达到正确答案的数目时,冯·奥斯滕便不自觉地猛然点一下头。汉斯看到了这个无意识的提示,便不再蹬蹄。芬斯特发现,这匹马能辨认出人的头部细微得只有1/5毫米的运动。芬斯特自己曾扮演过这匹马的角色,他发现在25个提问人中间,有23人不自觉地暗示了他应该何时停止蹬地。

芬斯特对"聪明汉斯"的这次著名调查于1911年用英文发表,但他那明确的叙述并没能防止其他人像冯·奥斯滕那样落入同一个陷阱。人类世世代代想与其他动物交流的欲望不是那么容易就能克服得了的。到1937年,关于"会思维"的动物,已有70多例报道,其中包括猫、狗和马。到了20世纪50年代,时髦的动物变成了海豚。后来,又出现了一种全新的怪癖,即研究人与动物对话的热潮。开始是想教黑猩猩说话,但没有成功,因为这种动物在生理上很难发出人的声音。而内华达大学的艾伦·加德纳(Allen Gardner)和比特丽斯·加德纳(Beatrice Gardner)教黑猩猩瓦舒(Washoe)学习美国手势语言,却取得了很大的进展。

瓦舒和模仿它的其他猩猩很容易地学会了大量手势语言的词汇,更有意义的是,它们会把许多手势连在一起,组成好像句子一样的形式。尤其令人感兴趣的是,据报道,这些猩猩能用手势做成新的组合。据说,当瓦舒看到一个西瓜时,曾自发地做出"喝水"和"水果"的手势。据报道,大猩猩科科(Koko)曾把一匹斑马描述为"白色的老虎"。到了20世纪70年代,会做手势的猩猩已成为心理学研究的一个热门。

后来,在研究一只叫作尼姆·钦普斯基(Nim Chimpsky)的黑猩猩[为纪念著名语言学家乔姆斯基(Noam Chomsky)而起的名字]时出现了一个严重危机。训练尼姆的是心理学家特勒斯(Herbert Terrace)。他发现尼姆和其他黑猩猩一样学会了手势,并能把这些手势连起来使用。但是,这样连起来的手势是像样的句子,还是这只精灵的猩猩学来的一种招引周围人做出某种反应的机械动作呢?尼姆语言能力发展的某些特点,使特勒斯深深陷入了疑问。尼姆不像和它同龄的人类儿童,它掌握词汇量的速度增加得很突然。它和儿童不同,它很少主动挑起对话。它会把手势连在一起,但它的句子缺乏句法上的严密性。根据记录,尼姆发出的最长的话是由16个手势组成的陈述性表示,"给-橘子-我-给-吃-橘子-我-吃-橘子-给-我-吃-橘子-给-我-你。"

最后,特勒斯不得不断定,尼姆以及那些神奇的其他黑猩猩,都不是按真正的语言所特有的方式使用手势的。它们只不过是通过模仿或按"聪明汉斯"的方法来愚弄它们的老师而已。尼姆在语言上的行为与其说像在其他方面与它们有很多共同之处的人类儿童,不如说更像一只非常聪明并经过训练的狗。

于是，批评者们开始进入了这个领域。"我们发现，研究猩猩'语言'的人个性太强，他们以为自己的动机最高尚，办法也最成熟，但实际上，他们做的是最拙劣的马戏团式的表演。"琼·尤密克-西比奥克（Jean Umiker-Sebeok）和托马斯·西比奥克（Thomas Sebeok）这样写道。[4] 在1980年的一次会议上，西比奥克更直截了当地说："在我看来，所谓对猿类的语言实验可以分为三种类型：一、彻头彻尾的欺骗；二、自我欺骗；三、特勒斯那样的实验。最多的是第二种。"[5] 这场战斗还没有结束，但目前的优势已在批评者这边。如果他们被证明是正确的，那么整个猿类语言研究就会很快地名声扫地，"聪明汉斯"的幽灵就会再次发出最后的笑声。

当其他动物带着人类的想象和期待进入实验时，研究人员自我蒙蔽的倾向就格外强烈。但即使没有其他动物的帮助，科学家们也会受自己的欺骗。人们知道的最突出的集体自我欺骗的例子发生在20世纪初的法国物理学界。1903年，著名的法国物理学家布朗德洛特（René Blondlot）宣称他发现了一种新的射线，他以自己所在的南锡大学的第一个字母将这种新射线命名为N射线。

布朗德洛特在试图使8年前伦琴（Röntgen）发现的X射线偏振的过程中，发现X射线源有一种新的放射现象。当增加两个尖端放电体之间电火花的亮度时，这种放射现象就出现了。由于这种亮度的增加只能用眼睛作判断，所以这是一种很糟糕的主观测定方法。但由于其他物理学家很快也重复做出并拓展了布朗德洛特的发现，所以测定方法上的问题似乎就无关紧要了。

南锡大学一位同事又发现，不仅X射线源放出N射线，人体的神经系统也能放出N射线。索邦（巴黎大学）一位物理学家注意到，N射线是从人的脑部控制语言的布罗卡皮质区放出的。后来，这种射线又在气体、磁场和化学物中发现。不久,寻找N射线在法国科学家中成了一个小小的产业。法国第一流的物理学家纷纷赞扬布朗德洛特的发现。1904年,法国科学院把珍贵的勒贡特奖授给了布朗德洛特。一位研究这一事件的历史学家指出:"从1903年至1906年期间,至少有40个人观察到N射线,有100多名科学家和医师发表了大约300多篇论文来分析这种射线。"[6]

其实,N射线并不存在。自称看见了这种射线的研究人员都是自我欺骗的受害者。为什么会发生这种集体受骗呢?从美国物理学家伍德(R. W. Wood)1904年一篇文章所引起的反应可以得到一个重要的启示。伍德有一次访问布朗德洛特实验室时,正确地预言说马上要发生一件奇闻。就在布朗德洛特关掉实验室的灯,开始表演使N射线透过棱镜分成不同波长的实验之前,伍德偷偷拿掉了那个棱镜。但是,尽管这个关键器件到了这位客人的口袋里,布朗德洛特仍然得到了预期的结果。伍德写了一篇揭露此事的文章,发表在一家英国科学杂志上。科学本来是不分国界的,但伍德的批评所产生的结果却不是这样:法国以外的科学家们对N射线顿时失去了兴趣,唯有法国科学家却继续支持布朗德洛特达数年之久。

法国科学家罗斯唐(Jean Rostand)指出:"这件事最令人吃惊之处,在于受骗人数之多简直让人难以相信。这些人没有一个是假科学家或冒充内行的人,没有一个是空想家或故弄玄虚的人;相反,他们都是真正的科学家,是无私、正直的人,他们熟知实验程序,头脑清醒,思维健全。他们后来作为教授、咨询专家、讲师所取得的成就就是明证。让·贝克勒耳(Jean Becquerel)、巴莱(Gilbert Ballet)、布罗卡(André Broca)、齐默恩(Zimmern)、博尔迪耶(Bordier)——他们都对科学作出了贡献。"[7]

这些法国当时最杰出的物理学家之所以会在伍德的批评文章发表后仍然支持布朗德洛特,其原因可能和他们一开始就全盘接受布朗德洛特的发现是一样的,都同一种按理说与科学毫不相关的感情有关,这种感情就是民族自尊心。到1900年,法国人逐渐感到,在科学方面,特别是和德国人相比时,他们的国际声望正在下跌,N射线的发现来得正是时候,它有助于消除法国科学界上层人士的自卑情绪。正因为这样,所以在伍德的文章发表后,法国科学院面对着国外潮水般的批评和国内强烈的怀疑态度,宁愿团结在布朗德洛特周围,也不愿查明事实。科学院的勒贡特奖评选委员会〔其中包括在南锡出生的庞加莱(Henri Poincaré)〕决定舍去另一位著名的候选人、前一年分享了诺贝尔奖的居里(Pierre Curie),而把奖授给了布朗德洛特。

就N射线事件写过文章的历史学家和科学家,多数都把这个事件归因于病态的、非理性或其他的异常因素。有一个历史学家没有随波逐流,她就是乔·奈(Mary Jo Nye)。为了认识这一事件,她决定不去考察"布朗德洛特个人灵魂的结构,而对1900年前后布朗德洛特所属的那个科学界的结构、组织、目标和愿望"进行考察。她的结论概括起来就是:这个事件的发生最多只是把科学界通常的行为模式作了一点艺术夸张而已。她说,N射线事件"不是'病态'的,更不是'非理性'或'伪科学'的"。"参与调查和辩论的科学家很正常地(尽管有时有点夸张)受了传统的并简单化了的科学目的的影响,受了个人竞争动力以及对自己的机构、区域和国家的忠诚之心的影响。"[8]

整个领域的科学家居然都被非理性的因素引入了歧途,这是一种值得深思的现象。用"病态的问题"作搪塞,无异于胡乱贴标签。实际上,N射线事件极为突出地暴露了科研过程中广泛存在的几个问题。一是观察者的不可靠性。事实上,所有的观察者不管如何训练有素,既然是人,就都有一种很强的希望看到自己预期结果的倾向。即使在主观判断火花亮度这类工作被计数器、打印机等仪器取代后,观察者受自己期待有影响的效应仍会起作用。仔细研究一下人们是怎样阅读测量仪器的,就能看到一种"偏爱数字的现象",即人们不自觉地喜爱某些数字,而不喜爱另一些数字。[9]

科学家在理论上带有框框,是可能歪曲其观察的另一个因素。对名利的追求可能会妨碍这种歪曲得到纠正。在 N 射线的例子里,一系列涉及个人、区域和国家的因素结合在一起,就使法国科学家远远地背离了科学研究的理想风尚。不仅如此,在严重的错误被公开指出以后,他们居然还长时间抱着这些错误不放。

科学家们是否采取了有效的措施来防止这种错误发生呢?"盲眼"研究——在科学家记录数据时,不让他知道答案应该是什么——固然是一种有用的措施,但这还不足以根除自我欺骗。生物科学中的自我欺骗是如此盘根错节,以致很难找到一种可靠的防止方法。巴伯(Theodore X. Barber)编撰了一本关于以人为实验对象的研究中常见错误的手册,在手册最后有如下一段尖锐的附言:"本书在寄送出版社前,曾请了 9 位年轻的科研人员或研究生阅读并提出意见。他们看完之后,有 3 位读者觉得,既然在实验研究中有这么多问题,最好的办法大概就是干脆取消实验(特别是实验室内的实验),将寻求知识的努力限于其他方法上,例如,像研究博物学那样的野外研究或现场观察。"[10]

科学的基础是观察和实验,这样的经验过程使科学同其他各种知识都不相同。但是,在最需要的时候,一旦实验者的客观性发生了问题,观察又最容易出错误。这里可以用 18 世纪的大学者舒赫泽尔(Johann Jacob Scheuchzer)为例。他曾到处奔波,寻找诺亚时代人类遭受一次可怕洪水的证据。最后,舒赫泽尔终于找到了一样证据,即所谓洪水人的遗骨,他欣喜若狂,将它命名为"洪水人"(*Homo diluvii testis*)。若干年后的查证表明,他发现的实际上是一种早已灭绝了的大型两栖动物的化石。

20 世纪的科研并没有逃脱使舒赫泽尔倒霉的那种危险。当美国天文学家范马农（Adriaan van Maanen）1916年宣布他观察到旋涡星云的旋转时，这一结果马上为人们所接受，因为它肯定了当时人们普遍相信的一种说法，即这种星云离我们很近。后来，范马农的同事、威尔逊山天文台的哈勃（Edwin Hubble）证明，与原来的看法相反，旋涡星云是距离我们银河系极其遥远的星系，而且它们的旋转方式也和范马农所说的不同。那么，是什么使范马农受了自己眼睛的欺骗呢？

《科学传记辞典》（*Dictionary of Scientific Biography*）这类出版物所提供的标准解释是："他企图测量的变化受到他的设备和技术精度的限制。"[11] 但这种偶然性误差的说法，不能解释为什么范马农在长达10年的时间里报告的许多星云都是按同一方向旋转（向外而不是向内）。针对科研人员的主观性问题，一位研究范马农问题的历史学家赫瑟林顿（Norriss Hetherington）评论说："今天，科学占据了知识界女王的位置。……神学统治地位的衰落，是由于历史研究揭露了神学的人性，进而还了它以人的本来地位。（现在的）历史和社会学研究开始调查科学中可能存在的人的因素，这同样构成了推翻现代女王的威胁。"[12]

自我欺骗对人的影响力是如此之大，以致本来应该是观察问题最客观的科学家，实际上特别容易被人有意地欺骗。其原因可能在于他们接受的关于客观性是多么重要的训练使他们忽视或掩盖了他们自身的非理性因素，而行骗者所依靠的正是这种因素。贝林格（Johann Bartholomew Adam Beringer）医生的例子再清楚不过地说明了先入之见是怎样战胜常识的。

贝林格是18世纪德国的一个医生，同时又是一位博学的杂家。他在维尔茨堡大学任教，并担任主教大公的顾问和总医师。他对自己只是一个医生和学者并不满足，所以一心扑在对"地下发掘之物"的研究上，开始收集化石这类自然珍品。到1725年，他的收藏已经相当可观，就在这时，三个维尔茨堡青年第一次给他送来了他们从附近艾弗尔斯塔德山上挖来的一组奇异的石头。[13]

这组化石极其珍贵，上面有昆虫、青蛙、蟾蜍、鸟、蝎子、蜗牛和其他动物。当这些年轻人把更多的发掘物送给贝林格时，这些化石上的东西显然更不寻常了。"这里有叶子、花卉、植物、整棵的草，有的有根和花，有的没有，"1726年贝林格在一本描述这些惊人发现的书中写道，"这里有画得很清楚的太阳、月亮、星辰，还有拖着火焰般尾巴的彗星。最后，像是最伟大的天才向我本人和我的伙伴们表示敬意，还有用拉丁文、阿拉伯文、希伯来文刻着耶和华圣名的牌子。"

历史文献还提到，在贝林格这本书出版后不久，他在艾弗尔斯塔德山上又发现了一块最不寻常的化石，上面竟有他的名字。

一次正式的调查应贝林格的要求进行了，以弄清究竟是谁要对这一恶作剧负责。经查明，有一个年轻的挖掘者是受了贝林格两个对头的雇用。其中一人是维尔茨堡大学地理、代数及分析学教授罗德里克（J. Ignatz Roderick），另一人是法院和这所大学的枢密顾问官和图书馆员。他们的动机是要让贝林格出丑，因为"他太狂妄了"。

在调查中还了解到，这些恶作剧者们显然是害怕事情闹大，曾经想在贝林格那本书发表前让他知道这是一场恶作剧。他们起初散布说那些化石都是假的，当这一招不管用时，他们又让人直接告诉他。但贝林格不肯相信这是彻头彻尾的骗局，还是坚持出版了那本书。

甚至当贝林格在世时，关于"会撒谎的石头"的故事就开始传开了。到1804年，帕金森（James Parkinson）在《早期世界的有机残遗物》（Organic Remains of a Former World）一书中提到了这件事，并总结出了一条教训："它清楚地表明，学问不一定足以防止一个遇事皆不提出疑问的人成为过于轻信的傻瓜。从另一方面说，值得一提的是：那本书的作者（贝林格）受到的责难和嘲讽之多，不仅使他的同代人不再那么容易上当，而且使他们遇到未经证实的假说时，变得更加谨慎小心。"[14]

　　帕金森并不是唯一提到欺骗有促进怀疑主义的积极效果的人。1830年，巴贝奇在《关于英国科学衰落的思考》一书中写道："这些欺骗唯一可以原谅的地方是，它们耍弄的对象是已经进入老年昏聩阶段的学术团体。"他列举了法国一部百科全书的编辑们是怎样轻信地把某个焦埃尼（Gioeni）声称在西西里发现的一种虚构动物的描述照抄下来，并且还用这个焦埃尼的名字为这种动物命了名。[15]

　　许多欺骗没有奏效，并不是因为欺骗对象不相信欺骗，而往往是因为时机不对。1864年5月14日夜落在法国奥吉尔村附近的陨石雨事件就是一个例子。在那天的几周前，巴斯德在法国科学院作了一个著名的报告，抨击那种认为生命可以由非生命物质发展而成的自然发生说，结果引起了一场激烈的辩论。一个恶作剧者注意到奥吉尔陨石上的物质碰到水后成为糊状，便把一些种子和煤粒嵌入一块陨石标本，等待巴斯德的论敌们发现。据猜测，这个恶作剧者的意图是要让他们用种子来证明生命是在太空中自然发生的，然后自己再公开这场恶作剧，让他们出丑。

　　这一计谋的问题出在这块被人做了手脚的石头在辩论期间始终没有被人作过研究。虽然陨石雨中的其他石块当时都经过了仔细的研究，但这块经过恶作剧者精心炮制的石头却被人忽略了，使它在法国蒙托邦自然博物馆的玻璃瓶中沉睡了98年。1984年当它终于轮到机会时，已经没有人相信了，那次作假马上被人们认了出来。[16]

　　如果那块石头当时得到仔细研究的话，那场恶作剧是会成功的。当条件合适时，人的轻信是没有限度的，轰动一时的"辟尔唐人"事件就是明证。

　　英国的民族自尊心在20世纪初遭受到一次严重的挫伤。大英帝国正处在全盛时期，维多利亚时代的光辉依然光彩夺目，在有教养的英国人看来，英国就像它当时是世界文明的养育人一样，也曾经是世界文明的摇篮,这几乎是天经地义的。但是,早期人类的证据——不仅包括骨骼化石,还有旧石器时代的洞穴绘画和工具——都是在法国和德国,而不是在英国发现的,这又怎么解释呢? 这一令人难堪的局面到了1907年在德国海德堡附近又发现了一大块早期人的颌骨时愈加严重了。它似乎令人沮丧地证明,最早的人竟是一个德国人。

"辟尔唐人"是道森(Charles Dawson)发现的。道森是一个律师,他在英格兰南部默默无闻地从事自己的职业,同时对地质学也有爱好。道森是一个不知疲倦的业余化石收藏者,他在萨塞克斯郡刘易斯附近的辟尔唐公地发现了一个看来很有名堂的砂石矿井。他让那里一个采掘工把发现的任何硬石块交给他。几年后,到了1908年,那个工人给道森拿来了一块骨片,道森认定那是一个人的头骨的一部分。在以后的3年里,又发现了这个头骨的另一些碎片。

1912年,道森写信给他的老朋友、不列颠自然历史博物馆地质部的鱼类化石世界权威伍德沃德(Arthur Smith Woodward),说自己掌握了一件东西,价值超过了在海德堡发现的那块德国化石。于是伍德沃德和道森一起到辟尔唐砂石矿井跑了好几趟。有一次,道森的挖掘工具碰到井底,飞出了一块下颌骨片。经仔细观察,伍德沃德和道森相信这块骨片正是他们已经复原了的那个头骨的一部分。

伍德沃德极为兴奋地把所有发现的东西都带回不列颠博物馆,他把那块颌骨和头盖骨拼在一起,凭着想象用黏土填补了缺少的部分。结果果然不错。这样装修出的头骨便成了辟尔唐的"曙人"。他们对此事严加保密,一直到1912年12月,才在伦敦地质学会当着满屋子的人把它展示出来,引起一大轰动。有人怀疑说,它的头骨像人,颌骨像猿,似乎配不到一起;还有人指出,那两个显然磨过的臼齿也不足以证明那块颌骨是人的颌骨。但这些反对意见都未被理睬,这一发现被肯定为一项伟大而真正的发现。[17]

　　人们在夜总会和酒馆里都心满意足地谈论说,这项新证据表明,最早的人类到底还是英国人。辟尔唐的头骨还具有科学的价值,因为当时仍有争论的达尔文进化论曾设想,从猿到人应该有一个过渡形态,但一直没有证据,而这个头骨似乎正好填补了这一空白。后来在那个砂石矿井继续做的发掘工作也没有令人失望。一件又一件新的化石接踵而出。几年后,在数英里外的另一个矿井里,又确凿无疑地发现了第二个"辟尔唐人"。

　　但也有人对"辟尔唐人"的发现很不安,不列颠博物馆一个年轻的动物学家欣顿(Martin A. C. Hinton)就是其中之一。欣顿1913年到发掘现场去了一次,随后他就得出结论认为,这完全是个骗局。他决定把一些一看就明白的假化石埋在那里,然后观察反应,最后查出搞鬼的人。他从博物馆的收藏品中取出一颗猿的牙齿,把它锉得正好能与伍德沃德用泥塑的犬齿模型相配。欣顿让人把这个明显的伪造物放在井内,然后静静地等着它被人发现,以便使从辟尔唐收集来的东西全部现出原形。

　　这颗牙齿被发现了,但除此以外,一切都没有按欣顿的计划发展。所有卷入这一"发现"的人似乎都很高兴,他们很快把这一喜讯通告了全国。欣顿对他的同行们竟会被这样明显的伪造所欺骗感到愕然。他看到他怀疑是主犯的道森用他做的东西为自己捞得了荣誉,感到又一次受到了侮辱。他决定再试一次,不过这次他要做得绝一点,好让全国都来嘲笑这些发现者。

　　他在不列颠博物馆的一只箱子里发现了一种灭绝古象的腿骨。他把它雕刻成最适合最早的英国人使用的工具——一只更新世时期的板球拍。他把这支球拍拿到辟尔唐埋下,等着看笑话。

　　这次等的时间较长。当球拍出土时,伍德沃德十分高兴。他宣布这是旧石器时代人的作品的最重要的例证,因为过去从未发现过这样的东西。伍德沃德和道森在一家专业杂志上发表了一篇文章,对这件物品作了详尽而认真的叙述,就差没称它是一支真正的板球拍了。[18]欣顿感到很惊奇,这么多科学家里竟没有一个人想到要用石块的棱刃在这块不管是化石还是真骨头上稍微刻一下。假如他们这样做的话,就会发现,要模仿用石器刻出这只拍子上的切面是根本不可能的。"这样一钱不值的东西竟会被当成真品接受,使设计圈套的人完全失败了,"一个研究辟尔唐事件的历史学家指出,"他们死心了,放弃了所有想彻底揭穿这场戏并使之贻笑天下的努力。"[19]也许欣顿和他的朋友们应当想到去埋一根刻着伍德沃德名字的骨头。

"辟尔唐人"在学术上一直红到20世纪20年代中期在非洲发现了类人的化石才告结束。这些化石表明人类进化的方式同在辟尔唐发现的头骨所示的有极大的不同。非洲的化石不是头盖骨像人,颌骨像猿,而是颌骨像人,头盖骨像猿。"辟尔唐人"起初像是一桩怪事,后来则成为一件丑闻。于是它慢慢地变得无声无息。到20世纪50年代初,经过现代测定年代技术测定,结果表明那块头骨和大名鼎鼎的颌骨都是假的:那块猿的颌骨、锉成的耻齿及人的头骨都经过了染色处理,才显得年代古老。

一些偶然的证据表明,辟尔唐头骨的发现者道森正是罪犯。但许多人怀疑他可能是教唆犯。虽然他往那个砂石坑里埋东西最方便,但他很难弄到所需的化石,而且他缺乏选择与辟尔唐砂石相配的化石所需的科学知识。当然,问题的实质不在于搞鬼的人是谁,而在于整整一代科学家怎么会连这样明显的恶作剧都看不出来。这个假作得并不高明,工具雕刻有很多破绽,牙齿锉得也很粗糙。"人工磨制的痕迹一下子就可以看出来。既然这些痕迹如此明显,人们完全有理由问:以前它们是怎样逃脱人们的注意的?"人类学家克拉克(Le Gros Clark)说。[20]

类似这样的问题,受害者们总是事后才提出来,但他们很少学会事先就考虑到。有一批科学家特别容易受江湖骗子的愚弄,他们就是灵学家(parapsychologist)。灵学家是一批应用科学方法研究心灵感应、超感官知觉等超自然现象的研究人员。因为灵学被很多人认为不属于科学范围,所以搞灵学的人在遵循正确的科学方法论方面总是力争比一般人更加严格。

灵学的奠基人莱因(J. B. Rhine)在使这门学科取得牢靠的学术地位方面获得了了不起的进展。作为在科学上得到日益广泛承认的标志,灵学协会于1971年被吸收加入了美国科学促进会。这一领域似乎正朝着在科学上被人们接受的目标稳步前进。莱因对这一进展深感满意,他在1974年谈到弄虚作假的科研人员正在减少的情况时说:“随着时间的推移,我们的进展帮助我们防止了这类危险的人哪怕是短时间地混入我们的队伍。因此,20多年来很少发生这种赤裸裸的欺骗行为。尤其令人高兴的是,我们现在已经确实能够做到按我们的要求物色和选用我们所需的人才。”莱因还告诫人们不要依赖自动数据记录来避免主观测量的弊端,他指出:“仪器有时也可以被用来掩盖假象。”[21]

莱因的文章发表后还不到3个月,他在北卡罗来纳州达勒姆市的灵学研究所就发生了一桩丑闻,其中心人物就是莱因打算指定接替自己任研究所所长的年轻有为的弟子利维(Walter J. Levy)。

利维曾相当成功地做过一项表明大鼠超自然力的实验:这些动物似乎能通过心灵感应力驱动一个微型发电机向植入它们脑部愉快中枢的电极送电。有一年多时间,这项实验的结果一直不错,于是莱因要他在别的实验室重复这项实验。但是没想到,这一工作很快就出了大问题:实验结果退回到了随机水平。

这时,一位初级实验人员注意到,利维特别注意实验设备。为了弄清情况,他和另一些人决定在一个隐蔽的位置观察这位高级同行的举动。他们看到利维为了取得理想的结果,在实验器械上做了手脚。为了维护莱因的声誉,这位初级实验人员发表了一篇文章,把这件事全部揭发了出来。[22] 他总结说:"从一开始,就应该尽可能不要过于相信实验者个人的准确性或诚实性。"

多数灵学家都是学常规学科出身的,他们把学到的科学知识用来研究超自然现象。研究的水平如何很可能是衡量他们原来所学知识如何的一个尺度。但如果真的是这样,那么,在处理超自然世界的难题方面,科学家们还不能证明他们是很成功的。他们的实验对象,即自称有特异功能(occult powers)者,在系统的观察下总是离不开两种模式之一:要么是功能"消失"了,要么就是被查出是骗子。基于这种情况,灵学家们本来也许会带着一定的怀疑去接近新的自称有特异功能的人的。但当以色列心灵论者(mentalist)盖勒(Uri Geller)在美国巡回表演自己的特异功能时,灵学家们却大加捧场,纷纷在实验室进行验证。

斯坦福研究所的两位激光物理学家普索夫(Harold Puthoff)和塔尔格(Russell Targ)写了一篇学术论文,证实盖勒能够猜出藏在一个金属盒内的骰子上的数字。这篇文章被著名的科学杂志《自然》杂志接受并发表。[23] 其他科学家,如英国伦敦大学的物理学家泰勒(John Taylor),也肯定了盖勒的特异功能。最后向公众揭开盖勒特异功能现象内幕的既不是科学家,也不是灵学家,而是一个职业魔术师——新泽西州鲁姆森市的兰迪(James Randi),他向观众们表明,他能重复做出盖勒所有的技艺,不过只用一般的魔术就够了。"任何一个魔术师都会告诉你,科学家是世界上最容易被要弄的人。"数学专栏作家马丁·加德纳(Martin Gardner)说*。[24] 两个研究欺骗事件的学生指出,盖勒"宁愿要科学家做见证人,而不愿在专业魔术师面前表演,那是有道理的""科学家由其

---

* 参见马丁·加德纳著《缤纷人生——马丁·加德纳自传》,朱惠霖译,上海科技教育出版社,2022年。——译者

知识和社会背景的本质所决定,是变戏法者最容易欺骗的人……"25

让我们来看看美国一批最优秀的物理学家和工程师轻易受骗的一个极端例子,这就是著名的"都灵寿衣研究项目"。参加这一工作的科学家对研究一件据说是基督寿衣实物的古物有浓厚的兴趣。他们的工作单位是从事美国核武器设计的洛斯阿拉莫斯国家实验室等军事研究中心。"他们当中的大多数人正从事着或者刚刚从事过从简单的炸药到原子弹、高能量'杀人'激光等武器的设计、制造和测试。"一篇颇带敬意的文章指出。26

这些科学家利用业余时间使用最现代化的科学仪器研究都灵寿衣。尽管他们十分谨慎,没有说这件寿衣是真品,但他们又说不能证明它是伪造的,从而给人留下一种它就是真品的强烈印象。他们还说,这件寿衣有许多特点用现代技术不能解释;他们说,它上面那幅被钉在十架上的人的全身像不是画上去的,因为没有发现任何颜料的迹象。这幅图像是个反像,就像照相底片一样,而且含有三维信息。从他们对记者的谈话来看,他们似乎倾向于认为,造成这幅图像的可能是从体内发出的一种瞬时的强光。

但是,让我们看看关于都灵寿衣的几个基本事实吧:(1)它最早出现是在1350年前后,当时中世纪的欧洲充满着各种各样所谓来自圣地的文物;(2)法国的特洛伊主教(它最早就出现于他的教区内)"发现了这个舞弊行为以及这块布是怎样巧妙地画出来的,而且作画的那个画家也证实了这一点"(这位主教的一个继承人1389年在给罗马教皇的信上这样说);(3)人们在从寿衣上取下的微粒中发现了两种中世纪染料的痕迹。27 所谓含有三维信息的反像,实际上是画家竭力想让人相信这幅画是印在裹尸布上的图像而蓄意造成的结果。他用明暗画法来表示尸体的轮廓,用的颜料很稀,甚至用现代的化验方法也查不出来。这样一批全国首屈一指的炸弹设计专家怎么竟会使自己(以及许多记者)相信他们手里掌握着一大奇迹呢?

19世纪天文学家赫歇尔(John Herschel)说:"在开始任何一项科学研究时,学生要做的第一件事情应该是从思想上准备接受真理,而要这样做,就必须抛弃或至少不要坚持那些草草学来的可能误人的概念。"这是一个很好的忠告,但正如科学中漫长的而且仍在继续的自我欺骗和轻易受骗的历史反复证明的那样,这也是很难做到的。

凡事持怀疑态度,本应是科学家处世方式的一个主要方面,如果人们不忘记这一条,就会特别重视科研中自我欺骗和骗人的发生率问题。科学方法被普遍认为是了解世界本来面目和解释自然的强大的并能自我纠正的手段。那么,究竟什么是科学方法呢? 是什么毛病使得这一坚不可摧的防护甲在不测事物的面前变得如此不堪一击呢?

◈ 第七章

所谓逻辑性的谎言

　　科学研究是20世纪西方文明一项独特的事业，但也许又是人们了解最少的一项事业。之所以出现这种不和谐的情况，一个重要原因是：那些对人们认识科学有着很大影响的科学哲学家把科学研究描绘为一个纯逻辑推理的过程。

　　在科学知识的整体中确实有一个逻辑的结构，但这种逻辑性常常是在知识积累以后回过头来才更容易看到的。科学知识的产生和传播的方式则完全是另一回事。在这个过程中，创造力或个人欲望等非理性因素起了突出的作用。逻辑思维在科学研究中固然是一个极为重要的因素，与诗歌、美术等高智力领域相比可能更是如此，但它并不是唯一的因素。

　　把科研说成是纯逻辑推理的谎言，经过各种教科书、文章和报告的不断重复，对科学家如何看待自己的工作已经产生了巨大的影响，即使科学家们意识到自己的工作中有非逻辑性因素，他们也总是竭力掩盖，或至少把它说成是微不足道的。科研过程中一个重大的因素就这样被抹杀了。

　　关于逻辑性的谎言之所以占上风，在很大程度上要归因于一批有影响的欧洲哲学家。在20世纪20年代和30年代，逻辑实证论者（或称维也纳学派）对科学作了一种很能迷惑人的分析。按照他们的观点，科学知识高于任何其他的知识,因为它能通过经验加以验证。科学家们在归纳逻辑的基础上提出假想,通过实验对假想加以证实或否定。通过假想,可能产生出自然界的一般原理,即所谓科学定律。定律可以从被称为理论的高层次认知结构中衍生出来,并被理论所解释。当旧的理论不灵时,就会有新的理论提出,并因其更有解释力而被接受,科学就这样向真理又迈出了不可抗拒的一步。

逻辑实证论者故意无视科学的历史发展情况,以及直觉、想象、乐于接受新事物等心理因素。他们更感兴趣的是把科学作为一个逻辑结构而不是一种过程,所以他们回避了科学发展中许多暴露性的问题。逻辑实证论哲学的一个典型就是伦敦大学的波普尔(Karl Popper)提出的理论可推翻论。在波普尔看来,一种科学理论永远不可能证明是真理,它只能被驳斥,而它一旦被驳倒,就被人们所抛弃。

波普尔的理论既非常正确,又极其荒谬。一种理论不管经过多么完美的证实,到未来某个时候总可能被证明是站不住脚的,所以,所有的科学理论也许只能在波普尔所描述的有限而且是有疑问的基础上加以接受。但在实践中情形并非如此。不管反证据多么有力,科学家们都总是死抱着一种理论,至少要到有一种更好的理论问世后才放弃旧的,有时时间甚至还要更长。

逻辑实证论者关于科学的观念不仅影响着公众,而且也影响了科学家。研究人员在长期的训练中,脑子里填满了逻辑性和客观性在科学王国里占有至高无上地位的概念。他们被教导说,科学正是按照哲学家所说的方式工作的。他们把这种理想当作现实加以接受。这一谎言甚至渗透到科学的中央通讯系统:它以绝对的权威支配着所有科学论文和教科书的写作格式。

作为一种文体,科学论文就像一首十四行诗那样的八股:如果不严格遵守写作规矩,就根本不能发表。实质上,这些规矩要求每一项实验都必须写得**好像**各道程序都是按照哲学家开的方子去操作的。科学报告的常规要求作者一定要做到完全非人格化,以便体现出客观性。

因此,一个科学家不能描写取得成就时的兴奋和一开始的失败,不能描写希望和失望,甚至连导致他完成各个实验步骤的思路也不能写。一个科学家只能以最正规的方式,而且往往是在叙述某领域的现状时,才能间接提到他从事某项研究的理由。接着就是"材料和方法"一节,成分和技术都是用电报的格式写的,好像是为了让世人能重复他的实验。"结果"一节则干巴巴地罗列了通过某种技术取得的数据。最后一节是"结论",研究人员在这节中要说明他的数据是证实、是否定、还是发展了现有的理论,以及这些结论对未来的研究有什么含义。

科学论文的这个特点是严重反历史的(antihistorical),因为科学报告的指导原则从一开始就要求把谁做了什么、为什么做和何时做的这些历史学家的基本原则彻底抛弃。由于科学要成为一个与时间、地点和人物都没有关系的普遍真理,所以科学写作的清规戒律要求所有提到这些细节的东西都要删去。在客观性的名义下,所有的目的与动机都不准写上。在逻辑性的名义下,任何认识的历史过程均不得提及。换句话说,科学论文的书面结构是一件旨在维护一种谎言的虚构物。

科学教科书尽管方式不同,但同样也是反历史的。它们提到过去,但只是为了证明现在的观点和人们关切的问题在过去就有所反映。而在科研中占据了很大位置的开始阶段的失误、错误的理论、失败的实验,统统都被置之不理:教科书把科学的历史描绘成为一种直线式的前进过程。"从这样的引例中,"历史学家库恩(Thomas Kuhn)指出,"不管是学生还是专业人员,都慢慢感到自己像是一种由来已久的历史传统的参加者。然而,教科书所描绘的这种使科学家感到与自己密不可分的传统实际上从来就不存在。……经过选择和歪曲,历代的科学家被描绘成研究同一套固定的问题,遵循着同一套固定的、使最新科学理论和方法显得科学的准则。"库恩相信,贬低事实的做法"深深地、很可能在功能上渗透于科学职业的意识形态之中"。[1]

这种意识形态很少有人讨论或研究过,但它的存在是不言而喻的。多数科学家在被问及时,都会宣称科学没有意识形态,科学本身同意识形态就是对立的。但实际上,科学家对自己的职业,对它应该如何进行,对科学方法论问题上程序是否正确,都有强烈而明确的观点。由于这些观点不是单纯地产生于事实,而是产生于事先形成的观念,所以它们就是意识形态。

科学行业的意识形态起源于科学哲学家、科学史学家和科学社会学家这三种人的笔下。他们在叙述科学活动的实质时,都塞进了各自的职业偏见。他们都指望科学能够体现现实世界中所缺少的理想。他们都把公正无私、追求真理、以一个人观点的实际价值而不是以威望(或资格和地位)来判断这个人及其观点等美德加在科学身上。他们用通过乌托邦眼镜看到的东西来描述科学。

因此,像维也纳学派这样的哲学家们就把科学解释为一种逻辑的纯经验的过程。社会学家们提出了科学精神气质的"规范",主张科学应该是"有条理的怀疑论"(organized skepticism),对任何观点都按其价值决定取舍,以及不带偏见地追求真理。历史学家从进步的角度出发,视科学为其思想的光辉典范,竭力要从科学的成功、科学界的杰出人物以及理智战胜迷信的教义等方面描绘科学的历史。

科学家们读到并注意到哲学家、社会学家和历史学家关于科学的种种说法以后,便用这些说法作为看待自己的根本基础。哲学家说科学家是客观的,科学家便在科学文献中严格禁谈主观经验;社会学家说科学家是清高的,科学家们便蔑视公开表示的竞争和对荣誉的追求;历史学家说科学是克服非理性的保障,科学家们便竭力否认人的感情在自己工作中有任何立足之地。

默顿那篇论述科学精神气质原理的著名短文写于第二次世界大战中的1942年。维也纳学派观点的提出,正值欧洲愈来愈深地陷入经济和政治的动乱。他们大概从科学中看到了一种在周围真实世界中所没有的对待事实的方法,看到了一种合理性和公正性。至少在这里有一块小小的地方,人们据说可以凭纯粹的理性而不是凭黑暗的野蛮势力行事。

吉本(Edward Gibbon)说,历史"正是一部对人类的罪行、愚昧和不幸所作的记录"。许多历史学家从科学史得到了巨大的宽慰,这是人类活动中可以说是正确战胜错误、真理淘汰谬误、理智压倒迷信和愚昧的唯一的舞台。

科学在当今世界特别是在受过教育的人们中占有崇高的位置,大概并不归功于它的实际成就。如果说科学在西方社会受到崇拜,那并不是由于它可能产生的技术产品或给人们带来的舒适。科学之所以代表了一种理想、一套价值观念、一种人类事务可以而且应该遵循的道德典范,有其更根本的原因。在20世纪的非宗教世界中,科学起着一部分在欠发达社会中神话和宗教所起的激励作用。

正因为有这种激励作用,所以要做到实事求是地看待科学便非常困难了。科学家们认为他们看待世界的方法(即所谓"科学方法")与众不同是理所当然的。但是,这种科学方法真的存在吗? 如果存在,科学家们是否总是按它去做呢?

无论是在科学家中间还是在公众中间,传统的科学意识形态仍然有很深的影响,但在它的提出者中间,它的基础早已开始动摇了。尽管逻辑实证论者的分析在学术上有吸引力,但由于他们有意无视科学的心理及历史状况,他们还是经不起批评。最严格的挑战之一是库恩1962年那部题为《科学革命的结构》(*The Structure of Scientific Revolutions*)的光辉论著。[2]这本书虽然出自一个科学史学家之手笔,但由于它把科学作为一个变化的而不是静止的过程来考察,揭示了一直为哲学家们所忽视的一条重要道理,所以它对科学哲学产生了深刻的影响。

库恩并没有花很大力量去推翻逻辑实证论关于科学是通往真理的一个客观进步过程的观点。相反,他重新提出了一种结构,在这一结构中,科学被视为受到非理性做法的很大影响,新的理论被看作比它所取代的旧理论更复杂,而不是更接近真理。"客观和进步——这两个关于科学的传统解释的骄傲,都被抛弃了。"这是一个批评者沮丧的结论。

在库恩看来,科学并非如教科书所描绘的那样是一种知识稳步积累的过程。相反,它是一系列处于激烈的思想革命之间的平静期。在这些平静期中,科学家们受着一种库恩称之为"范式"(paradigm)的一整套理论、标准和方法的指导。

这种"范式"是科研传统的基础。它规定了哪些问题值得研究,哪些问题不值得研究。在受一定范式支配的被库恩称为"正常科学"(normal science)阶段的平静期中,科学家主要是解决新的范式所提出的难题。牛顿的《原理》一书发表后的力学研究,就是正常科学阶段的一个例子;哥白尼以后的天文学,是另一个例子。

自然界的复杂是无法随意加以探索的;范式是一种探索计划,它既要指出所要解决的难题,又要保证这些难题是可解的。以范式为基础的自然科学之所以比处于前范式阶段的科学(如社会科学)更能取得迅速进展,原因正在于此。

但是正常科学的平静并不持久。企图延长范式寿命的科学家最终会发现,有些难题是他们解决不了的。这样的反常(anomalies)往往在一开始就存在,只不过在解释范式的热头上可以忽略不顾。事实上,在正常科学阶段,科学家们都想压制新鲜事物(novelties)。但与原有范式相抵触的反常现象会变得越来越突出,渐渐变得无法再回避和忽略。于是整个学术领域便陷入了危机,就像在哥白尼之前以地心说为基础的天文学和人们认识氧气前的燃素说所面临的情况。

在危机阶段,科学家们的注意力由解题转到了对根本问题的讨论。库恩指出,这时,就会有一些"按原有范式看非常年轻或非常陌生"的人提出一种新的范式,而且几乎总会出现支持这种新范式的科学发现。但旧范式的维护者则竭尽全力加以修补,于是两种范式的支持者都卷入了一场为争取该学科所有人的信任的战斗。

这场战斗的打法至关重要:在库恩看来,非理性因素在这场斗争中起着主要作用。库恩说,逻辑和实验是不充分的,"两种范式的竞争不是那种靠证明即可解决的战斗"。实际上,一个科学家从赞同一种范式转变为赞同另一种范式,"是一种无法以强制手段实现的转变过程"。促成转变的因素可以包括个人的是非感和美感,以及对新范式更能解决造成危机的反常问题所抱有的信念。

为什么单靠逻辑还不足以解决两种范式的竞争呢? 因为两种范式在逻辑上是不可通约的(incommensurable)。两种范式所使用的文字和概念可能是相同的,但事实上它们的基本点在逻辑上是不同的。例如,质量在牛顿的物理学中是不变的,而在爱因斯坦的物理学中却可以与能量相互转化。在哥白尼以前的理论中,地球表示一个固定的点。两种对立的范式的支持者们并不完全用同一种语言说话;由于他们所谈的东西无法相比较,所以他们必然谈不到一块儿。

按照库恩的理论,两种竞争范式的不可通约性还有另一个重要的后果:一种新范式不能建立在它所承袭的旧范式的基础之上,它只能取代旧的范式。科学并非教科书所描绘的那种积累过程;它是一连串的革命,每次革命都是一种世界观被另一种世界观所取代。但库恩觉得,没有理由相信新范式一定能够比旧范式**更好地**认识世界。科学在进步的说法,只是从新范式比它所取代的旧范式更成熟、更复杂这种相对意义上才可以说得通。库恩说,我们也许"不得不抛弃那种认为范式的变更会使科学家及其学生越来越接近真理的看法,不管这种看法是明确地还是含蓄地表示出来的"。

库恩没有否认逻辑和实验在科学上的重要性,但他雄辩地指出,非理性因素也很重要。科学信仰(scientific belief),特别是当人们从一种范式向另一种范式作痛苦的转变时,与宗教信仰(religious belief)有某些共同之处。

逻辑实证论的一个更激进的批评者是加利福尼亚大学伯克利分校一位生于维也纳的哲学家费耶阿本德(Paul Feyerabend)。他不仅认为科学过程中存在非理性因素,而且认为这些因素占据着统治地位。他说,科学是一种完全由它的历史及文化背景所产生的意识形态。科学争论的解决,不是靠各自观点的是非,而是像解决诉讼案一样,靠各自的鼓吹者演戏和巧辩的技能。不存在一种在任何时间、任何场合下都适用的科学方法;事实上,根本就不存在科学方法这样一种东西。不管科学家们怎么说,科学上的规则就是"怎样都行"(anything goes)。

费耶阿本德认为,既然不存在一种科学方法,科学上的成功就不但取决于合理的论证,而且取决于花言巧语、诡辩和宣传的结合。他相信,人们常常在科学和其他思想方法之间划分界线是没有道理的,是科学家们为了高踞于他人之上而设立的人为障碍。"那些不喜欢看到科学问题出现混乱的人应该记住,存在有一种相当严重的科学沙文主义(chauvinism of science):对大多数科学家来说,'科学自由'的口号意味着不仅向已经加入自己队伍的人进行灌输,也向整个社会进行灌输。……把这一事实同科学没有特定方法的认识结合起来,我们便可得出结论说,把科学与非科学分开不仅是牵强附会的,而且有损于知识的提升。"费耶阿本德在《反对方法》(Against Method)一书中这样宣称。[3]

科学方法仅仅是哲学家的抽象概念吗?科学家们提出只受逻辑指

导是在欺骗他们自己吗？巧辩和宣传在科学中所起的作用与它们在政治、法律和宗教中的作用是否一样呢？从科学家们抗拒新思想这个颇为常见的现象中，可以为这些问题的答案找到一个有趣的提示。

如果科学是一个以逻辑性为准绳、以事实证据为指南的理性过程的话，那么一旦有证据证明某种新思想更令人信服，科学家们就应该马上接受新思想而摒弃旧思想。但事实往往是：即使旧思想早已破产，科学家们仍然死死抱着它不放。社会学家巴伯（Bernard Barber）指出："单是科学家们自己常常抗拒科学新发现这一事实，就与科学家'虚怀若谷'（the open-minded man）这种陈词滥调相抵触。"[4] 但历史上所谓虚怀若谷和客观性不灵的例子太多了。曾是其时代最伟大的天文学家的第谷（Tycho Brahe）到了垂暮之年还在抗拒哥白尼的学说，而且他还要别的天文学家也像他那样去做。在19世纪，托马斯·扬（Thomas Young）的光波动说，巴斯德关于发酵的生物本质的发现，以及孟德尔的遗传理论，无不遭到本学科专家的冷落和抵制。

任何认为这些问题到20世纪都已绝迹的人，都可以看看德国气象学家魏格纳（Alfred Wegener）1922年提出的大陆漂移学说的遭遇。只要看一下地球仪，注意一下南美洲的"肩头"与非洲的"腋下"是多么吻合，连小孩子都可以凭直观看出魏格纳学说的合理性。但地质学家和地球物理学家却用了从1922年至1960年将近40年的时间，才承认大陆是在运动着的。有时人们辩解说，地质学家不知道大陆可以移动的机制，但事实绝非如此。1928年，地质学家霍姆斯（Arthur Holmes）写了一篇著名的文章，里面就正确地提出对流作用是造成大陆移动的力。

反对这一学说的急先锋正是地质学的领头人、英国的杰弗里斯（Harold Jeffreys）和美国的尤因（Maurice Ewing）。20世纪60年代，地质学家们终于承认了地球的大陆确实移动过，那是因为海底沉积物的年代测定提供了无可辩驳的、连盲人也不能无视的证据。

科学家们抗拒新思想的原因很多,在许多方面与一般人不肯放弃自己所依赖或已经习惯了的思想是一样的道理。19世纪的科学家出于自己的宗教信仰,对达尔文的进化论和地质学家关于地球年龄的发现都采取了抗拒态度。

老年人通常都要排斥青年人,在科学界也毫不例外。"通常由各学科长老们统治的科学院和学会对新思想反应迟钝是毫不奇怪的。正如培根(Bacon)所说,科学界的贵族和那些躺在过去的功劳上享福的显要们,通常不愿意看到进步的潮流以他们望尘莫及的速度滚滚向前。"生物学家津瑟(Hans Zinsser)这样评道。[5] 量子理论的创始人、德国物理学家普朗克更精辟地表达了同样的思想,他在一段著名的短文中宣称,科学中的旧思想只能随着死守着它们的人的死亡而死亡:"凡属重要的科学创新,很少是通过逐步拉拢反对者并使之转变而得到发展的:扫罗(Saul)变成保罗(Paul)*的事极少发生。实际情况是,反对者逐渐消亡,而新的一代人从一开始接触的就是新思想。"[6] 显然,只有当死神来规劝时,思想上的抵抗才算告终。但是在人类思想的那么多范畴里,为什么要由科学来提供范例呢?

尽管科学被说成是一视同仁的,但社会地位和职业地位常常会影响对新思想的接受。如果一个革命性的新概念是一个在本专业领域没有名气或来自其他专业领域的人提出的,那么他的思想会尤其难于得到认真的考虑:人们会想当然地而不是实事求是地对他的思想作出判断。但往往正是这样的人,正是这些没有受到陈规旧律影响的门外汉和初生牛犊,提出了最新的思想,推动了一门学科的进步。对新思想的抗拒之所以是科学史上一个永恒的主题,原因正在于此。

---

　*天主教译作"保禄"。据《新约全书》,原名扫罗,起初迫害耶稣门徒,后改信耶稣的教义。——译者

19世纪发现电阻定律的德国人欧姆是科隆耶稣学校的数学教师；他的思想一直遭到德国各大学科学家们的冷遇。孟德尔的遗传定律被专家们置之不理达35年之久，其原因之一就是因为他是一个在后院种试验田的教士，一个十足的业余分子。地质学家们对魏格纳的态度也证明了专家们对外来者的蔑视，因为魏格纳原来是搞气象学的。尤其是在医学界，对无论来自内部还是外部的科学创新的抵抗，都有很长的历史。当巴斯德提出细菌学说时，遭到了医生们顽强的抵抗；他们认为巴斯德不过是一个侵入他们地盘的化学家。李斯特（Joseph Lister）发现的消毒法起初在英、美都无人理会，原因之一就是李斯特是一个在格拉斯哥和爱丁堡工作的医生，被视为土包子。

在科学进步的光辉史册中，最令人惊讶的莫过于19世纪匈牙利医生塞麦尔维斯（Ignaz Semmelweis）的遭遇了。他发现，导致当时整个欧洲产科医院死亡率高达10%—30%的产褥感染，只要让医生在检查产妇前用氯溶液洗一下手就可以完全消灭。塞麦尔维斯在维也纳一家产科诊所首先做了试验，结果，那里的死亡率从18%下降到1%。到1848年，塞麦尔维斯那里的产妇没有一人死于产褥感染。但这一实验证据却不能说服他那所医院的上级。

1848年，一场自由派政治革命席卷了欧洲。塞麦尔维斯在维也纳卷入了这场革命。他的政治活动使他关于产褥感染的发现遭到了更大的抵抗。他被诊所开除后回到了匈牙利。在以后的10年中，他根据自己在产科的实践，收集了大量的证据，表明消毒技术能够防止因产褥感染而造成的死亡。他在1861年出版的一本书中总结了他的发现，并把这本书寄给了德国、法国和英国的医学会和各国主要的产科医生。

尽管产褥感染在当时整个欧洲的产科医院中十分猖獗，但医学界对塞麦尔维斯的书几乎概不理睬。在布拉格，1861年有4%的产妇和22.5%的婴儿死亡。1860年，在斯德哥尔摩有40%的妇女患这种病，

16%的人死亡。1860年秋天,就在塞麦尔维斯12年前证明这种病可以消灭的那个病房里,101个病人中就死了35人。

为什么医生和医学研究人员会无视塞麦尔维斯的理论呢?即使他们不同意这个理论,为什么也无视他那大量的无可辩驳的统计数字呢?也许因为这种理论意味着正是他们这些人用自己未洗过的双手无意中把许多病人交给了死神,所以他们觉得在感情上很难接受。另外,塞麦尔维斯在说服别人接受自己的想法时,常常做得不够策略。他的言语过于伤人。他的宣传不够艺术和缺乏说服力。很少有什么东西比他拿出的事实更加有力,更加一目了然。但事实并不足以说服全欧洲那些用手传播疾病的医生和医学研究人员。

当塞麦尔维斯得知许多妇女正在无谓地死去,却没有人愿意倾听他防止死亡的简单道理后,他写了一封又一封歇斯底里的书信。在一封1862年致产科教授的公开信中,塞麦尔维斯写道:"如果产科教授们不立即用我的主张指导学生的话,……我就直接告诉那些毫无办法的群众说:'你,一家之父,你知道把产科医生或助产士请到你妻子面前意味着什么吗?……那就等于把你的妻子和未出世的孩子置于死亡的危险之中。如果你不愿成为一个鳏夫,不愿让你未出生的孩子染上致命的细菌,不愿让你的儿女失掉母亲,那么就去买一块钱的漂白粉,把它溶在水中,如果产科医生和助产士不当着你的面用漂白粉溶液洗手,就不让他们检查你的妻子,你还要摸摸他们的手,确认他们的手洗得能感到滑润才行,否则也不能让他们作体内检查。'"[7]

塞麦尔维斯的精神开始错乱了。有时他沉默不语,有时他又拉着同事滔滔不绝地大发议论。1865年,他被朋友骗进了疯人院。当朋友们溜走后,他被强行监禁起来,用拘束衣捆住,投进一间黑屋。两个星期后,即1865年8月13日,他离开了人间。就在这前一天,塞麦尔维斯盼了整整15年的李斯特第一个试用石炭酸作为消毒剂。直到李斯特获得成功,以及巴斯德说服了医学界相信细菌果真存在以后,医生们才懂得了塞麦尔维斯的**理论**,根据这个**理论**,才理解要他们在产科检查前洗手的**事实**,但这已经晚了差不多30年。

"但在原则上,想仅仅靠可观察的东西来创造一种理论,那是错误的。事实上发生的情况正好相反。我们能够观察到什么,都是由理论决定的。"这是海森伯(Werner Heisenberg)* 1927年提出不确定原理的前一年爱因斯坦给他的信里的一段话。"我们能够观察到什么,都是由理论决定的",这同哲学家所说的科学始终遵循的以事实检验理论的方法论恰恰相反。爱因斯坦的这段话强调指出,对科学家来说,如同对所有的人一样,重要的还是思想和理论。思想能够解释事实,理论能够弄懂世界。事实本身是微不足道的,只有当它能够证明某个原理或理论时,它才令人感兴趣。科学家们常常在一种理论早已被实验事实否认后仍死守着这种理论不放,单从心理学的因素考虑,也就毫不奇怪了。

认为理论重于事实的看法,有时被证明是错误的,但有时又是有根据的,这是因为这种矛盾是表面的,而不是真相。1925年,当美国物理学会会长米勒(D. C. Miller)宣布发现了与狭义相对论相抵触的证据[在迈克耳孙–莫雷实验(Michelson-Morley experiment)中取得一个"正面结果"]时,听众们本应放弃那个理论,至少应将它暂时搁置起来。"但是事情并非如此,"物理学家波拉尼(Michael Polanyi)评论说,"那时,他们对任何不利于爱因斯坦理论所提出的新观念的想法都一概加以排斥,以至于让他们从另一个角度重新思考一下都是不可能的。(米勒的)实验没有什么人注意,而那些证据则被抛置一边,人们指望有一天能证明它是错的。"[8] 不错,米勒的工作现在被认为在细微的实验效果上有问题,但科学家们武断地认为不成熟的结果就一定是错误的,则完全是出于

---

* 亦译"海森堡"。——译者

信念(faith)。

波拉尼指出,证实一个理论,实际上和最初提出这个理论一样,都需要同一种对于自然的直觉(intuition)。但直觉这一非理性因素在哲学家的论述中根本就没有提到。在谈论科学定律的验证时,哲学家们总是拿那些已经毫无疑义的定律作例子。"他们是在论述科学定律的实际示范,而不是论述批判性的验证。结果,我们得到的是一篇关于科学方法的叙述,它以未遵循任何特定方法为理由删去了发现的过程,也忽视了验证的过程,只提到一些根本未作出真正验证的实例。"

最早的科学史学家在对待其研究对象时,倾向于采取和哲学家以及科学家本人差不多一样的态度,即把科学当作一条客观的、通向真理的笔直大道。后来,历史学家开始对科学家总是按哲学家的假说演绎系统那种严格客观方式行事一说表示了怀疑。布拉什写到,有些科学史学家"对科学家的作用提出了一种新看法,即科学家往往是主观行事,与哲学争论相比,至少在某些重大科学概念的问题上,实验验证只占第二位"。[9]

布拉什本人转向这一观点是根据他对19世纪物理学的3个课题所作的分析。这3个课题是:热的波动说、气体动理论和原子间力。在这3个课题上,科学家重视的是理论,而不是与理论相抵触的直接实验事实。"这些决定最初是由科学家个人作出的,但他们的同行们对这些决定的不合理性却没有提出异议,而只是盲目跟从;因此,这些例子为人们了解科学界的行为提供了真正的证据。"布拉什指出。他根据这些研究得出结论说:"这些不正当的行为并不是极少数著名科学家所特有的,而是相当大一批人都有。不错,谁要是声称多数科学家都习惯于严格运用假说演绎法行事(即一种理论如不能用实验证明,则应予以推翻),他就应该拿出证据来。"

众所周知,人们的思想对原有的政治信仰或宗教信仰的保留能力远远超过理智认为应该改变或放弃的限度。科学声称（claim of science），它与其他各种信仰的根本区别在于它只依靠理智。但这一声称必须按历史学家的见证——科学家往往抵制新思想并喜欢透过自己理论的偏光镜来看这个世界——加以修正。

事实上，科学的实际运作方式以及现有科学知识发展和重组的过程，绝不是一个完全的理性过程。回过头来看，可以从已经积累的科学知识整体中看到有逻辑的结构。科学知识中逻辑结构的存在，使人们误以为这种结构可以靠逻辑建立起来。其实，科学研究的过程和科学知识的整体不同，它所产生和遵循的是一套不同的原则。逻辑性和客观性是其中的重要原则之一。但巧辩、宣传、诉诸权威，以及人类在说服他人时常用的一切手法，在科学理论赢得承认的过程中都起了重要的作用。

甚至连哲学家们如此看重的、似乎是带逻辑性的机制，如验证和重复实验，实际上也受非理性因素的制约。验证被逻辑实证论捧为科学之高于其他一切知识的主要特征。但它受科学家期待以及他们对所验证理论的信仰深度所支配的程度，同受事实所支配的程度是一样的。重复实验不是一种正常的科学程序，它只在特殊情况下才得到采用，例如在结果特别重要或者另有根据怀疑有舞弊存在之时。

我们说科学过程包括非理性因素，并不是说理性就不存在。科学既是逻辑的，又是非逻辑的；既是理性的，又是非理性的；既是思想开放的，又是刻板教条的。每一方面的确切比例因学科、时间、原因和地点不同而有所不同。科学思想中非理性因素的程度无疑比其他信仰要小，但恐怕也小不了多少。声称有科学成就的人和科学家都可以为此作证。

有些支配科学过程的非理性因素，例如直觉、想象或固守某个理论，是多数科学家愿意承认的。而另一些非理性因素，如巧辩和宣传，其在科学中的作用则被科学意识形态完全否认,尽管事实证明,它们在接受或拒绝假说时可能起主要的、有时甚至是决定性的作用。正因为科学家们自以为与这类争论无关,所以他们更容易犯这些毛病。

只有承认科学中存在着非理性因素,才能认识科研中的舞弊现象。反过来,对舞弊现象的研究又揭示了非理性因素在科学过程中的作用方式。舞弊是伴随着非理性因素钻进科学的,而且常常因为这些因素的庇护而得逞。

对弄虚作假的东西盲目接受和对新思想的抵制,是同一事物的两个方面。伪造的结果如果编得圆滑,如果与流行的偏好或人们的期待相吻合,如果出自一个名牌机构的颇有资格的科学家之手,那么,这样的结果就会被科学界所接受。科学上激进的新思想正是因为不具备这些特点,所以常常受到排斥。

只有相信逻辑性和客观性是科学唯一把关者的人,才会对舞弊的盛行和频频得手感到惊奇。只有相信重复实验是对科研结果的无情考验的人,才会对舞弊不断的现象感到难以理解。就像罪孽在虔诚的教徒中不应存在一样,舞弊在科学界中也不应当存在,更毋庸说盛行猖獗了。其所以不是如此,是因为现实不同于意识形态。

对坚持科学意识形态的人(ideologists of science)来说,舞弊是一件见不得人的丑闻,所以在任何场合都必须予以否认。而对那些把科学看作一项人类解释世界的事业的人来说,科学的腾飞不仅要靠理性,也要靠巧辩。

◆ 第八章

师傅和徒弟

20世纪60年代科学界最引人注目的大事之一是英国剑桥大学的射电天文学家发现的一个新的星类,也就是大家知道的脉动射电星(也叫作"脉冲星"),它们以极快的速度非常精确地发射出一束束射电波。在一阵兴奋过后,理论天文学家很快判断出脉冲星就是中子星,是人们很早就猜想存在的据说因为亮度太弱而一直无法在地球上探测到的恒星演化末期的产物。关注这些事情的人们惊异地获悉,剑桥大学的天文学家一度认为那种信号可能是由另一个星球的人类发来的,为此,他们还给脉冲星起了个绰号,管它们叫LGM(Little Green Men,意为"小绿人")星。

这些激动人心的事情自然引起了远在斯德哥尔摩的诺贝尔奖委员会的注意。剑桥大学研究组组长休伊什(Antony Hewish)"因在发现脉冲星的过程中起了决定性的作用"而被授予了1974年的诺贝尔物理学奖。这里有一个问题:首先发现脉冲星、并且第一个意识到脉冲星实质上就是恒星产物的并不是休伊什,而是他的一个名叫乔斯林·贝尔(Jocelyn Bell)的年轻女研究生。

休伊什不费吹灰之力就拿到一项诺贝尔奖,这反映了科学组织中出现危机倾向的第一步,即过去几十年中师徒关系的崩溃。以往的师徒关系是建立在智力上的互相关心和取长补短,但在今天,则常常是为了得到诸如设备和研究经费这样的物质需要把他们联结在一起。从发现脉冲星的例子中就可以看出这种完全物质化的关系所导致的种种弊病。对功劳的占有已发展到如此的地步,尽管实验室的头头并没有参与任何实际工作,但他们可以用一大批初级研究人员所做的工作来为自己脸上贴金。虽然师徒之间在工作上如此疏远,但如果一个著名的生物化学研究人员,在他的低级同事们发表的五六百篇论文上都署上自己的名字,也绝不奇怪。本章列举的几个例子说明,工作和奖励的脱节能够把实验室变成一个培养犬儒主义和玩弄骗术的地方。对严格的科学原则,并不是每个工作过度的徒弟都感到厌烦的。在发现脉冲星的例子中,让我们听听研究生贝尔是怎样诉说的吧。[1]

贝尔获得物理学学士学位以后,于1965年以博士研究生的身份参加了剑桥大学的射电天文学小组。她虽然身材矮小,但到她离开剑桥大学的时候,已经能够挥动约9千克的大锤了,这是她在博士"学徒"头两年里靠体力安装她将来要用的那台射电望远镜的结果。休伊什设计这台望远镜是为了一个专门的目的,即研究太阳发出的射电波是怎样影响地球上所看到的星星的闪烁的。

1967年7月,这台望远镜全部安装完毕,准备开机工作了。贝尔的任务是一手操作这台机器,分析所得的数据,直到她得到足够的资料撰写博士论文为止。分析数据并不比安装机器轻松。望远镜每天送出96英尺*长、画有3道轨迹的记录图纸。对整个天空扫视一遍需要4天的时间,因此,贝尔要看将近400英尺的图纸,才能对整个天空的记录作一次分析。贝尔的工作是靠眼睛审查图纸,她要把真正从闪烁的射电源发出的信号在图上标出来,并删除从诸如法国电视台、飞机高度表和私营无线电台这些人为干扰源发出的信号。这里投机取巧的诱惑力肯

---

* 1英尺约为30厘米。——译者

定是不小的。到10月份,贝尔还剩1000英尺的图表没有看,到11月份,没有看完的图表就长达1/3英里。

贝尔发现脉冲星是在10月份。被贝尔形容为"小不点儿"的脉冲星信号在400英尺长的图表中约占了半英寸(约1.3厘米)。在缺乏实际经验的观察者看来,脉冲星的信号跟图表上众多的其他信号几乎没什么差别。对贝尔来说,她的脑海里闪出了一样东西——她以前见过它:"我首先注意到的是,有时在记录中有一些我不好分类的信号。它们既不是闪烁,又不是人为的干扰。于是我想起来,过去我曾见到过这小不点儿的东西,而且也是在天空的同一方位。它似乎每隔23小时56分钟出现一次——正好与恒星的运动同步。"虽然还有大量的工作要做,但这一发现的关键在于一刹那的识别。

保持着"恒星时"(天文学家称这种23小时56分钟间歇所用的术语)的东西很可能是一类恒星。可是不久又出现了使人非信不可的相反证据。贝尔查看了以前的记录,发现"小不点儿"第一次出现的时间是在1967年8月6日。她与休伊什讨论了这些信号,两人决定再通过天文台的快速记录器来观察这些信号,以便更好地了解它们的结构。

到11月中旬,快速记录器可以使用了。每天当射电源穿过射束的时候,贝尔就跑到望远镜旁边去查看。但一连看了几个星期,什么都没有得到。这些总在变化着的信号太弱,根本就显示不出来。"休伊什当时认为那是一颗没被我们发现的耀斑恒星,"贝尔回忆说,"最后有一天我设法捉住了它。我从记录器里得到了一系列的脉冲信号。它们几乎是每隔1.5秒出现一次。这同人为的那种周期正好一样。休伊什事先把记录工作留给我。我连忙打电话把出现脉冲的事告诉了他,他说:'哦,这样一来,问题就解决了,这一定是人为的。'"

第二天,休伊什来到天文台看贝尔做另一个快速记录。那天得到的信号十分清楚,以致贝尔能画出一条很好的脉冲系列使老板满意。

休伊什把记录整个看了一遍,证实了射电源确实与恒星时同步。"要解开这个谜,我们的确还有不少困难。"贝尔说。问题在于,当时知道的最快的变星的间隔是8小时,没有人能想到会有一颗间隔只有1.5秒的星。但射电源也不可能是人为的,因为它是随着恒星的公转而不是地球的自转出现的。那么会不会是从月球上反射回来的雷达信号或是一颗在特殊轨道上运行的卫星呢?这也对不上号。贝尔和休伊什后来想到,在地球中唯一按23小时56分恒星时时间表工作的人只有其他天文学家了。"休伊什——给所有其他天文台写了信,询问他们10月以来是否在做什么课题。"他们都回信说没有做。

"小绿人"的理论就是在这种情况下产生的。"虽然射电天文学家们并不很当真,"贝尔说,"但他们意识到,最早能够和外星人取得联系的很可能就是他们。因此,休伊什记录了脉冲的时间,以便了解是否有多普勒位移。"他这样做的根据是,外星人很可能生活在一颗行星上,当这颗行星绕其太阳公转到面向地球时,它会送来一束束脉冲,而当它远离地球后,脉冲就会被隔开。

正当剑桥大学射电天文小组还在煞有介事地考虑这种脉冲是否会是外星人发来的信号时,贝尔却用简明朴实的文笔把这一段的调查写在当时用的工作日记本上。1967年12月19日的日记在提到射电源时,贝尔用的是颇有先见之明的"人行横道指示灯"作为标题。这种指示灯是在英国用来警告驾驶汽车的人注意人行横道上过往行人的一种有规则闪烁的橘黄色球形灯。甚至早在贝尔还没有测到快速记录器上的脉动之前,她就自己给这个射电源起了这样一个别名,而小组里的其他人却称它为LGM星。

当发生上述事情时,休伊什还没有发现多普勒位移。而此时或稍早一些时候,贝尔已采取措施,把"射电源"的性质最后确定了下来。她又发现了一个射电源。那天正好是她准备离开剑桥大学回去过圣诞节的前一天。"晚上,我在分析一张图表。我看到一样东西,非常像我们正在研究的那个小不点儿,它在望远镜很难观察到的一小块天空中。有足够的证据证明,它就是那个小不点儿。凌晨1点钟的时候,那一块天空正好有一束射束穿过。那天晚上非常冷,而那台望远镜一到冷天运转就不灵。我在上面呵气,发牢骚诅咒这台该死的机器,总算让它工作了5分钟。这是多么及时的5分钟啊,安排真是巧妙极了。射电源发出了一连串的脉冲信号,但间隔与第一次发现的不同,这次的间隔大约是1.25秒。"

她打电话把这第二次的发现告诉休伊什了吗?"哦,没有,因为那是凌晨3点钟。我把记录放在他桌上,然后就离开那儿度假去了。我想他是不会真的相信那份记录的。但我不在的时候,他仍然让望远镜工作着,记录器墨水池里的墨水也是满的。"

1月中旬的一个深夜,休伊什自己做了一次记录,证实了第二次发现的那个射电源。"这使我们不用再在'小绿人'上下功夫了,因为不会有两种'小绿人'用不同的频率向我们发出信号,所以很明显,我们正在研究的是一种速度非常快的星。1月份,我又发现了两次这样的信号。"这是她发现的最后两颗脉冲星,因为到1月中旬贝尔要开始写博士论文了,她把脉冲星作为附录收进了她的论文。

当宣布发现脉冲星的文章在《自然》杂志上出现时,贝尔的名字在5位作者中排在第二位。休伊什的名字列在首位。按照学术论文写作的规则,这篇文章的作者排序向科学界传送了一个明确的信息:脉冲星的发现者是休伊什,而其他4位都是他的研究小组的成员。

尽管英国天文学家都知道发现脉冲星的真相,但在休伊什获得诺贝尔奖之前,却没有一个人对贬低贝尔的做法提出过抗议。然而,1975年3月,著名理论天文学家霍伊尔(Fred Hoyle)毫不客气地把这次授奖说成是一件"丑闻"。霍伊尔抱怨说,贝尔最早的发现被她的老板压了半年，与此同时，"老板则忙于盗窃这位姑娘的发现，或者说客观上就是这么回事"，伦敦《泰晤士报》(*The Times*)引用了霍伊尔的这段话。几天以后，霍伊尔在一封给该报的信中解释说："对于贝尔小姐取得的成就，有一种曲解的倾向。因为这项成就听起来是这样简单，好像只是从大量的记录中找一找就行了。其实，这些成就是她愿意把以往所有的经验都认为是不可能发生的现象加以认真考虑的结果。这使我不禁想起了与她有着相同不幸遭遇的科学家——发现放射现象的亨利·贝克勒耳(Henri Becquerel)。"

针对霍伊尔的这封信，诺贝尔奖获得者休伊什给《泰晤士报》写了封信，实际上是想告诉人们，贝尔是在他的提议和指导下用他的望远镜对天空进行观察的。他说，那偶尔发现的脉冲星被认为可能是人类或外星人的问题，也是在他的指导下弄清楚的。虽然这个射电源最早是在1967年8月发现的，但一些必要的验证工作是到1968年1月，也就是文章发表的前一个月才得以完成的。

休伊什的自我辩护正好可以证明，霍伊尔的指控基本是事实，尽管还不够具体。不错，望远镜是他的，但他并没有告诉贝尔用这望远镜去寻找脉冲星。他指示贝尔寻找的是一种完全不同的现象。"他让贝尔去测定闪烁的射电源的位置，但她注意到了另外一种信号，并按照自己的方法进行了跟踪。"一位曾经对脉冲星的物理性质作过解释的康奈尔大学理论天文学家戈尔德(Thomas Gold)评论说。休伊什声称，判定脉冲星究竟是人为的还是天外物体是他的功劳，但这个问题在贝尔发现第二颗脉冲星时就已经基本解决了。

站在任何公正的角度来看，发现脉冲星都是一项共同的成果。贝尔的功劳在于她第一个发现了脉冲星信号，并锲而不舍地进行追踪，休伊什的功劳在于当她的导师，并为她提供了必要的设备。可是休伊什并没有这样看。

"乔斯林是个非常好的姑娘，但她不过在干她自己分内的工作，"这位诺贝尔奖获得者说，"她注意到这个射电源发出的信号。倘若她没有注意到，射电源则一定会被错过。"

后来的研究生可能也会有此发现，但远不能肯定。可是根据这种"倘若……，则会……"的论调，几乎每个科学家的贡献都有可能被剥夺，因为任何一种发现迟早都可能由其他人作出。况且，休伊什竭力贬低贝尔的话，也同样适用他自己。发现脉冲星信号的是贝尔，而不是别的什么人，这是历史事实。

在给脉冲星发现者分配荣誉的问题上，暴露了近代科学研究行业普遍存在的一种颇具特色的现象：科学界所谓用人唯贤的制度实际上建立在一种权力结构上，而那些掌权的人在控制报酬和荣誉方面都有很大的影响力。

当代科学的一个重要部分是深化教育，通过这种教育，要使新手逐渐成为科学界羽毛丰满的成员。这一训练阶段是以初入门的研究人员进入3—10年以获得博士学位为目标的学习作为正式起点的。即便拿到学位，年轻的博士毕业生，即所谓"博士后"，在一个新单位第一次接受任务独立开展研究时，这种训练仍然在继续进行。

培训这些研究生和博士后的教授对他们负有重任，要把研究的技艺教给他们，把他们的兴趣引导到重大的科学问题上去，并用严肃的研究传统熏陶他们。这种关系在顺境中有助于最牢固的智力结合。就像坐在师傅工作台旁的徒弟一样，这些研究生学会了使用他们这一行的工具和将来谋生的手段。教授把自己的知识教给别人，得到的实惠也是相等的：他的研究生和博士后们将遵循他提出的科研思路继续工作，在他以后，他的工作仍会后继有人。师生之间发展起来的这种亲密关系是在兴趣一致和对真理有一个共同的信仰的基础上建立起来的。

在当代科学界，师徒关系中的这一神圣结合常常会被滥用。有些教授并不满足于建立一种研究传统,而是一味追求即刻成名和得到公认这样的短期目标。智力结合趋向崩溃,有时几乎完全被一种商业性的交换所代替。实验室主任用手中的职位空缺和提供资助做交易,换取对手下人成果的占有权。

科学界师徒关系是怎样退化的呢?20世纪初,对于多数科学家来说,科学研究还是一项纯洁的职业,干这一行所需要的只是一个敏捷的头脑以及某些也许在五金商店就可以买到的器件。随着科研工作的职业化以及装备实验室费用的日益提高,现在即将踏上事业征途的年轻研究人员要找的不仅是一个学术上的高师,而且还要是一个拥有一大笔政府经费的资助人。而资助人为了保证经费源源不断和做到收支平衡,则必须尽力让别人看到自己的成功。如果实验室的头头能够确实给他手下的人以学术的指导,这个制度当然是无可指责的。但是,要从这种单调的工作中出人头地,也不是那么容易的。如果实验室头头的注意力有所旁顾,或他本人已缺乏创造能力,他就会强烈地感到只有去占有他手下人的成果,才能使他的工作继续下去。他也许会对自己说:"不管怎样,要是没有我,他们就没有钱作研究。要不是我必须把所有的时间都用在筹集资金上的话,我也会在实验台上自己动手的。"

一个著名科学家的名字出现在数百篇论文上,这在今天来说是屡见不鲜的。尽管19世纪的物理学家开尔文勋爵(Lord Kelvin)因一生中发表了大约660篇科学论文出了名,但这样的多产现象在过去却并不多见。然而,现在出现的这些大数目,往往并不是出于创造力的大爆发,也不是出于对真理孜孜不倦的献身精神,而是巧妙地利用了现行的实验室首长制度。这些大量的出版物往往是研究生和博士后在实验室加班加点地工作写成的许多报告和论文,而实验室的头头们只是很轻巧地在上面签了自己的名字。有时论文上也有学生的名字,但只是列在从属的位置。由于他们处在一种等级制度的最低层,他们的成果在科学界常常被当成是实验室头头的功劳。在这样的环境里，科学真理差不多已经变成了一种偶然的副产品。说得更确切些，实验室可以被看成是一个研究工厂，一个成批生产论文的工厂。

当青年科学家被迫以高级科学家灿烂群星中一个微弱的发光体发表自己的论文时，投机取巧、改进结果，甚至于完全伪造数据等种种引诱，常常是不可抗拒的。最容易受这种诱惑的可能是那些名副其实的工人，他们与科研工作所带来的学术上的好处——发表论文——毫无缘分。他们工作，但发表的论文上没有他们的名字。据社会学家朱利叶斯·A. 罗思（Julius A. Roth）称，他对所谓雇用研究作了一次广泛的调查："连起初认为某项工作重要而必须做好的人，当他们发现自己的建议和意见无人理睬，凭自己的职位不能发挥任何想象力和创造力，最终产品又没有自己一点功劳的时候，总之，当他们发现自己是在受雇替别人做吃力不讨好的事情时，他们将会屈服于这种雇用思想。有了这种认识后，他们不再为工作的细心、准确或精确而伤脑筋了。他们将投机取巧以图节约时间和精力。他们也会把编造的东西塞进自己的报告。"[2]

罗思揭露了研究人员承认捏造数据的几个例子。他指出："这种行为不是反常或罕见的行为，而恰恰是我们应该从在生产部门工作的人身上预料到的行为。"

在受到出论文压力的下级人员中所产生的这种失望情绪在古利斯（Robert J. Gullis）的案例中得到了形象的体现。古利斯在 1971 年至 1974 年期间是英国伯明翰大学一位年轻博士研究生。他研究的是大脑产生的化学信使。实际上在他当研究生期间，他就指出这些信使可以改变大脑细胞壁的物理性质。他的工作受到了同行专家的重视，其中有一位是密歇根大学的兰茨（William Lands），他称这项研究是他两年来所见到的最令人感兴趣的研究之一。

古利斯的那项研究需要有耐心和相当的技能，以及长时间的实验室工作。早上7点开始工作对他来说是家常便饭。他经常是接连3天工作到深夜。刚刚结束一个实验，新的实验又开始了。"我花了9个月的时间，才刚刚起了个头，"古利斯告诉一位记者说，[3]"我觉得在最初的6个月里，我一无收获。"经过4年的努力，1975年当他的博士论文终于在一家专业杂志上发表时，这篇论文占了满满33页。在论文的上端，与古利斯名字写在一起的还有他的导师查尔斯·罗（Charles Rowe）的名字。

发现问题的不是查尔斯·罗，而是接受古利斯博士后研究的德国马普学会生物化学研究所的科学家们。在古利斯离开该研究所后，他和7个德国同事联名写的4篇论文发表了。该所人员打算重复他的某些实验。经过几次失败以后，他们要求古利斯回去。经过紧张的两个星期的重复实验，古利斯承认有些数据是他编造的。事情变得越来越清楚，古利斯的确做了这些实验，但是他篡改了实验结果。最后，古利斯不得不向他的导师查尔斯·罗承认，最早的那些结果，包括他的博士论文，都是作了假的。"发表的曲线和数值仅仅是凭我的想象虚构出来的，"古利斯在给著名的《自然》杂志的一封信中写道[4]，"在我短暂的研究生涯中，我发表的是我的假设，而不是经过实验取得的结果。"这个事件发生后，有11篇论文全部撤销了。[5]

事后，实验室主任查尔斯·罗吐露出了一个受后辈冤枉的高级科学家的有代表性的苦衷。"我认为，当你与任何一个人一起搞科研时，你必须对这个人有一定的信任，"他接着又补充说，"否则，你就要什么都得自己干。"当古利斯在伯明翰大学期间，查尔斯·罗在这个博士研究生写的7篇论文上署了自己的名字。

对古利斯来说，他觉得自己是一种腐朽制度的牺牲品。"这是你在任何地方都会遇到的问题。谁也不愿意过多地打搅别人，因为别人也有自己的事要做。但是这对大学的一个系来说是行不通的，因为大学是教学的地方,当研究生也是学习,学习怎样搞好研究。如果在那儿得不到像样的指导,那么整个制度就有问题。"古利斯在荣誉问题和论文写作方面最有怨气。"对我的工作,我从来都听不到一句好话,"他说,"他们对成果则感到无比的高兴。他们只是追求成果,如果有人能够拼命工作并搞出成果来,同时又能拿到一个博士学位,那他们是非常高兴的。"

古利斯编造数据被抓获了,他对现行制度的批评固然可能有自我辩护的成分,但他所说的那种研究生被人遗忘的现象以及要他们出成果的压力却并不罕见。在古利斯一案中,正是这种种因素导致他干下了彻头彻尾的舞弊。在著名的萨默林(William T. Summerlin)案中,导致他身败名裂的直接原因则是一例小小的对数据的"改进"。

1974年,萨默林是令人尊敬的免疫学家古德(Robert A. Good)的一位初级同事。他俩都在曼哈顿地区一个世界闻名的实验中心(斯隆–凯特林癌症研究所)工作。52岁的古德是一位富有教学资历、名声显赫的科学家。他精力充沛,有干劲,自负,并爱炫耀自己。1973年《时代》(Time)周刊曾经用他的照片做过封面。古德还是一个颇具组织能力的实验室主任。在5年时间里,他与别人联名发表了将近700篇学术论文,这项业绩是靠他手下的一大群研究人员的帮助建立起来的。不是吹牛,凡是有他署名的论文都受到了高度的重视。14年来,写有古德名字的文章被其他科学家引用过17 600多次,这使古德在科学研究的历史上成了文章被人引用最多的一个作者。[6]

年方35岁,个头高大、略有秃顶的萨默林看上去和蔼可亲。这位出生在南卡罗来纳州一个小城镇的研究人员对自己和自己的工作充满着信心,但由于弄不到科研经费,他无法按自己的想法工作。1971年当古德在明尼苏达大学担任全国最大的免疫研究组主任时,萨默林曾到他手下工作过。这使他们双方都得到了好处。古德有钱资助萨默林,而这位默默无闻的萨默林则可以借此机会继续做移植研究中一项他自认为已有突破的工作。经费不久便开始滚滚而来。在萨默林早期的一篇论文中,他向国立卫生研究院、退伍军人署和国家科学基金会这些提供资助的单位表示了感谢。这是被古德加上名字的第一篇论文。

不过,明尼苏达大学的研究人员都知道,古德与他的合作者们接触不多。他常常外出旅行。而当他在学校时,手下几十个人则争着找他,希望能得到他的关注。"鲍勃(Bob)*和我并没有真正在一起工作,"在斯隆-凯特林事件发生后,萨默林告诉记者说,[7] "实际上,很难找到与他谈话的机会。我常常不得不在清晨四五点钟起来见他几分钟。这在当时倒没有什么关系,因为明尼苏达大学的整个研究组非常团结,非常友好。"

萨默林到后不久,古德就决定带着他手下50个研究人员离开明尼苏达大学来到邀请他担任所长的斯隆-凯特林研究所。萨默林现在是一个固定的研究人员了,尽管古德仍然还在他写的论文上署名,但从某种程度上说,他也得谋求经济上的自立。1973年3月,萨默林乘飞机去参加一个由美国癌症学会举办的科学作者会议。会上他宣读了一篇有关他工作进展的报告。萨默林希望,报纸以及电视广播对他工作的积极报道能够帮助他得到该学会的经费。他曾提出一项要求在5年内资助131 564美元的申请。

在会议上,萨默林对渴望得到消息的新闻记者说:"人的皮肤经过4—6周的器官培养后,移植到任何人身上都不会发生排斥反应。"不仅如此,他还对记者说,他曾把经过培养的人的角膜移植到兔子的眼睛里,并没有受到排斥。看来各种器官移植外科手术中的主要难关之一很快就会被攻克。第二天的《纽约时报》(*The New York Times*)在3栏的

---

* 罗伯特·古德的昵称。——译者

大字标题下刊登了一条消息,宣称"实验室的发现可能帮助解决器官移植问题"。一夜之间,萨默林变成了科学界的一位名人。

尽管报纸作了报道,萨默林在学术会议上也作了讲演,但其他研究人员由于重复不了他的工作,对此事越来越感到怀疑。扮演着这项研究的学术支持人角色的古德则凭借他本人的威望,说服了一些免疫学家。最难办的是英国免疫学家梅达沃(Peter Medawar)和他的同事,他们重复不出萨默林的研究结果。

梅达沃曾因器官移植研究获得过诺贝尔奖,他也是斯隆-凯特林研究所董事会的成员。1973年10月,萨默林在向董事会报告他关于角膜移植的工作时,让大家看了一只据他说双眼已做过角膜移植的兔子。正像梅达沃后来描述的那样:"这只兔子的眼睛透明度很好,它看着董事会成员时,眼光笔直而坚定,这样的凝视只有知觉完全清醒的兔子才能做到。我不相信这只兔子接受过任何移植,这倒不是因为角膜的透明度完好无缺,而是因为角膜周围那圈血管分布根本就没被动过。可是在当时我没有勇气指出我认为我们都上了当。"[8]

就连萨默林自己实验室的人在做这项实验时也遇到了麻烦。到1974年3月,事态已恶化到了不可收拾的地步。古德感到有必要让萨默林实验室的一位下级同事发表一篇报告,宣布萨默林的某些实验无法重复。这篇报告很可能会使萨默林的工作陷入困境。3月26日清晨4点,萨默林从他放在办公室里备用的帆布床上爬起来,准备紧急求见古德。他的目的是想劝说古德不要发表那篇否定的报告,因为成功就在眼前。一项在老鼠身上移植皮肤的新实验正在顺利进行,萨默林准备让他的导师看两只动物。

到了7点钟,萨默林便向古德的办公室走去。路上,他掏出一支水笔,用墨水在这两只白鼠身上涂了一些黑块块。萨默林后来解释说,这样做的原因据他说就是为了使移植上的黑皮肤更加醒目。古德并没有注意到萨默林做的这些手脚。只是老鼠送还到实验室一位助手那里时,这位助手注意到了老鼠身上的修饰,他把此事报告了导师。萨默林立即被停了职。

萨默林为什么会堕落到行骗呢? 斯隆-凯特林研究所的行政官员们解释说,这个人的神经有问题。该所所长托马斯在5月24日的一份正式声明中宣布:"我认为,对萨默林博士最近的作为,最合情合理的解释是:他患有身心失调症。在这种情况下,他既不能对他采取的行动完全负责,也不能对他所作的陈述完全负责。据此,所里已经同意,从现在起让萨默林带全薪(40 000美元)休病假一年,使他能够有机会休息并进行必要的专门治疗。"把欺骗事件常常归咎于精神错乱已经是老话题了,至少出现这类问题的那些单位的行政官员都是这样说的。

梅达沃提出了一个较有创见的解释,他说,在萨默林早期的工作中,在无遗传关系的小鼠身上进行的皮肤移植也许获得了成功。但在重复这个实验时,萨默林未能如愿以偿:"他自信自己讲了一个真实的故事,因此他会灾难性地采用欺骗手段。"后来的实验表明,萨默林的研究方法也许有某种希望,即使在他手中没有成功。[9]

由托马斯组织的一个调查委员会认为,对萨默林事件,尤其是在萨默林的实验结果未被充分证实之前,就允许登报宣扬,在这个问题上,古德应负有一定的责任。委员会还指出:"几位调查人员在重复萨默林的实验时遇到了很大的困难,他们指出萨默林不诚实,而古德对此却置若罔闻。"

尽管调查委员会也和风细雨地指责了古德,但委员会最终还是以某些理由原谅了他,譬如说,像他这样一个身居高位、公务繁忙的行政官员不可能去监督一个下级同事,以及"通常相信合作者是诚实和可信赖的"这一点很难使他想到舞弊这两个字。梅达沃也是替古德说话的。梅达沃在发表在《纽约书评》(*The New York Review of Books*)的一篇文章中写到,对古德是否监督了萨默林这类问题所作的种种回答,"并非一味地为古德开脱(他本人也认为不是这样),但这些回答比古德的敌人所希望的要好得多"。"首先,作为一个研究所的领导,他能支持和鼓励手下年轻人的兴趣,这一点比只顾忙于自己的事情而对下级漠不关心更讨人喜欢。"梅达沃本人就是一个实验室主任,萨默林应对古德负什么责任,他很清楚。"事情的确如此。在明尼阿波利斯,正因为有了古德的支持,萨默林才有可能出来工作。"但他对事情的另一方面,即古德作为萨默林论文的合作者所得到的荣誉却只字未提。

萨默林,这个科学丑闻案件中最敢直言的人之一,却并不认为这些理由能够使古德得到解脱。他在一份正式声明中说:"我的错误,不在于明知故犯地发表假数据,而是屈服于研究所所长要我发布数据的巨大压力。……"他向《美国医学会会刊》记者详细叙述了这个问题:"他一次又一次地要我发布实验数据,草拟向公共和私人机构申请科研经费的报告。1973年秋天,有一次当我没有做出新的惊人的发现时,古德博士蛮横地指责我,说我在出成果方面是个废物。(古德博士否认这点。)这使我处于必须做出东西的巨大压力之下。"[10]萨默林告诉另一位记者说,在小鼠身上着色也许是对古德的一种挑战,着意要考验一下他的注意力和敏锐性。[11]

当发现徒弟在不知羞耻地玩弄数据时,受其影响的研究所常常感到有责任派一个特别委员会来调查案件。这种委员会很少会离开原先定好的调子工作。他们的主要作用是使外界相信,研究所的科学机制是没有问题的。虽然在形式上实验室头头也会受到敲打手指关节那样的惩罚,但真正受到责备的常常还是犯了错误的徒弟。因为他已经被人(常常是与他一起工作的徒弟,而不是繁忙的老板)当场抓获,所以他别无选择,只能做命中注定的替罪羊,不但要为自己的而且要为所有人的罪过受罚。

于是,当达尔西的罪行被揭露后(详见第一章),由哈佛医学院院长点名组成的8人委员会竟认为达尔西的导师毫无罪责。尽管达尔西事件暴露了监督方面以及一味要求出成果的严重问题,免罪的结论还是很快就宣布了。[12] 布劳恩瓦尔德是一个全面负责两个实验室、终日忙碌的行政官员,是哈佛大学两家最有名望的医院的主任医师,他还经常组织全国性的学术会议。达尔西所在的实验室是由一个实际上比他还小一岁的研究人员代布劳恩瓦尔德掌管的。布劳恩瓦尔德告诉一位记者说:"对达尔西早期的工作,我们之所以完全相信,是因为原始数据在收集的时候就是按照最基本的标准审查的。但后来他的角色变了。过了一年半了,我们总不能事事都把着同事的手做吧!"

特别委员会把问题统统集中在达尔西身上,他在哈佛大学期间,在布劳恩瓦尔德指导下发表了将近100篇摘要和论文,其中许多是与他的导师合写的。[13] 该委员会写道:"现在的问题全然看不出与心脏病研究实验室现有的标准、政策或程序有任何关系,与该实验室主任或布劳恩瓦尔德博士的过分压力也毫无任何关系。"

古利斯、萨默林和达尔西都是违背了其行会原则的徒弟。这种行会把所有的罪责都归于徒弟的说法本来就很难让人相信,再要用它来为1978年波士顿大学揭露出来的那个惊人案件辩护就更难说得通。声称在组长斯特劳斯(Marc J. Straus)的压力下被迫篡改了数据和记录的不是一个人,而是由40个年轻癌症研究人员组成的整个研究组。

34岁的斯特劳斯是一位精力充沛、干事认真的研究医生,专攻肺癌。他在吸引私人和联邦政府投资方面很有建树,在3年时间里得到了将近100万美元的资助。他曾发表了40多篇论文和一部专著,并在外地的波士顿大学附属医院建立了6个癌症门诊部,因而在全国出了名。1978年春的一天,斯特劳斯与他的一些同事坐在波士顿大学医学中心14楼的一个教室里,高声谈论着获一项诺贝尔奖的幻想。

可是,诺贝尔奖的美梦刚刚做完不到3个月,斯特劳斯那座已建好宝座的大厦就突然坍塌了。他手下的5位职员——2个有研究经费的年轻医生和3个护士——跑到波士顿大学领导那儿说,他们研究组的报告含有许多谎言。作假范围包括从简单地篡改病人的出生日期到谎报从来没有做过的治疗和实验室研究,并无中生有地编造说一个病人身上长有肿瘤。这5个人控告说,这种种舞弊都是斯特劳斯命令他们干的。但是斯特劳斯手下的另一些职员说,作假是在普遍担心病人不足额会威胁他们将来的经费的情况下犯下的。斯特劳斯在压力下辞了职,但他一口咬定对作假一无所知,并认为自己是一起阴谋的受害者。

斯特劳斯是否直接参与了舞弊,这个问题至今仍有激烈的争论。斯特劳斯坚持说,他不知道舞弊的事情。但无需争论的是,至少有8个职员做了假数据,而且他们在一家产品能使斯特劳斯提高声誉的大型研究联合企业被抓住了。

从许多角度看,斯特劳斯发迹速度之快,都是异常惊人的。1974年夏天,他从华盛顿附近的国立癌症研究所来到波士顿大学医院。不久,他就为他组建的专门治疗和研究肺癌的机构招聘了一批助手、护士和医师。他在最有名气的杂志上发表了各种各样的报告。1977年,他被波士顿青年商会选为大波士顿地区"最佳十名年轻领导人"之一。

在斯特劳斯从事的主要医学研究中,有一项是美国东部肿瘤协作组(一个由40家医院联合创办的颇有声望的国际研究小组)委托他做的一种临床试验。当舞弊被揭露时,该协作组正在作若干项研究,其中有一项实验治疗就是根据斯特劳斯的想法设立的。斯特劳斯相信,严格按时使用两种药,能够大大提高癌症病人的存活率。

这项研究的数据都是由斯特劳斯手下的护士和医生收集、整理并输入到协作组的大型计算机数据库中的。据组里的研究人员说,[14] 他们一点一点地把数据篡改了。多数舞弊,包括报告假实验或化验结果,要么是为了隐瞒研究小组在执行协作组具体规定时犯的错误，要么就是为了允许医生背离协作组的治疗方案而又不"失面子"。后来，当波士顿大学进行调查时，官员们发现，有将近15%的数据被篡改了。一些行骗者主动站出来，是因为他们害怕病历中保存的假数据会贻误病人的治疗。在手下人舞弊时，斯特劳斯则躲了起来，忙着写一份申请报告，争取再得到一笔为期3年的研究经费。

1981年，已经离开波士顿大学到瓦尔哈拉纽约医学院教书和作研究的斯特劳斯第一次对这一案子公开发表了评论。[15] "我们有40个专职人员，其中包括8个护士和数据管理员。我想，我们做了很多很好的核实和平衡工作。我们反复开了许多会，我们的水平较高，因此我们能够对诸如有关医疗方案是否获得病人同意、文献是否出色、记录数据是否可能准确等问题进行审查。

"有几种研究要进行绝对的监督几乎是不可能的。美国东部肿瘤协作组就是一个例子。这里做的是一项全国性的癌症协作试验，当时正在进行的就有47种不同的研究……平均每一项研究成果要包括数千项数据。你必须相信人们的诚实，相信他们会正确地填写那一大堆小空格。……任何操作，不管是医学方面的，还是其他方面的，都有一定程度的监督，要相信你手下人会很好地工作的。"

现代的研究小组已经远没有它过去那样清白了。

◇ 第九章

免受检查

　　1979 年 3 月一个早晨，一封不平常的信送到了耶鲁大学医学院院长伯利纳（Robert Berliner）陈设简朴的办公室。这封信指控他手下的两个职员犯了在科学上被视为严重罪行的剽窃罪。64 岁的伯利纳是一个爱抽烟斗、温文尔雅的行政领导，他来耶鲁大学之前，曾在国立卫生研究院担任了 20 年的领导职务。他读完信，又浏览了一遍随信寄来的论文稿，马上得出了这封信是夸大其词的结论。

　　一起事件就这样开始了，这起事件为我们提供了一个独特的机会来深入了解美国科研的日常实践。因为该事件涉及的是一次舞弊，所以它本身还不能说是十足的典型。这出戏中许多演员的表演，即便不是完全地也是很突出地代表了许多科学家在日常科研活动中的行为。在观察那些当事人的所作所为和态度时，不要忘记科学家们所说的那些指导他们行为的观念：坚持真理；判断人及其见解只凭水平和贡献；对任何研究成果，不管是什么人提出的，都要进行批判的检查；所有的思想和知识都由大家共享，以利于整个科学界；严格的自我管制。

　　落在伯利纳办公桌上的这封信来自国立卫生研究院一位年轻的女研究人员。她指控耶鲁大学的两个研究人员从她未发表的文稿中偷了十几段内容，放进他们自己的论文里。接着，这封信对这两个人数据的"真实性"提出了质疑，暗示耶鲁大学那项研究是凭空臆造的。该信最后要求作一次调查。

伯利纳在科学研究的风风雨雨中是一位见多识广的老将,当然不会轻易被这项要求打动。略微看一下文稿就可以发现,所谓的剽窃指的是几段无关紧要的话,总共才有60来个字。这样的抄袭当然不妥,但也称不上什么犯罪,事实上这是可以理解的。而且,主要作者是1971年从印度浦那来到美国、年方37岁的维贾伊·索曼(Vijay R. Soman),即使他并不特别富于创造性,但也是一个受人尊敬的助理教授,他对英语还不能运用自如。另外,说他没有作这项研究,似乎也不大像。指导索曼并作为这篇研究论文的合作者的高级科学家是43岁的费立格(Philip Felig)。他发表了200多篇论文,接受过15种学术荣誉称号和奖励,颁发诺贝尔奖的瑞典卡罗林斯卡学会还授给他一个荣誉学位。在耶鲁医学院,费立格享受着一个荣誉职位,同时又是医学系副主任和内分泌学研究室主任。

为了保险起见,伯利纳向这两个研究人员要来了他们的研究所依据的数据记录的复印本。这些记录提到,他们曾对6名妇女做过神经性厌食症的实验。据此,伯利纳写信给国立卫生研究院那位年轻的研究人员说,索曼他们确实作了这项研究,这是没有问题的,而且索曼已经受到了批评。伯利纳写道:"我希望现在你可以认为这件事情已经了结了。"

但她却没有就此罢休。在后来的一年半里,瓦赫斯利希-罗巴德多次写信和打电话,扬言要在全国性会议上谴责索曼和费立格,并扬言要辞去工作。她知道,这次剽窃是无需证明的。现在她要求对整个这项研究的有效性作一次调查,因为其中的数据实在是好得反常。最终她的要求得到了满足。调查结果表明,这项研究只是耶鲁大学后来揭发出来的最轻的一个问题。[1]

罗巴德是1975年拿着一笔研究金来到国立卫生研究院的。她是一个腼腆、说话温柔的巴西人。她平时不愿接近记者,她那不善言谈的外表常常使别人看不出她的热情和冒险精神。到国立卫生研究院两年后,她获得了一次晋升,后来,她又到42岁的糖尿病专家杰西·罗思(Jesse Roth)的实验室工作。罗巴德对罗思开创的关于胰岛素分子如何与健康人和病人血液分子结合的研究课题很感兴趣。罗思那项工作的一个合乎逻辑的扩展,就是研究胰岛素对神经性厌食症(一种伴有体重急剧下降症状的精神疾病)患者的作用。这是年方29岁的罗巴德自选的研究课题。这项胰岛素结合研究将成为她在国立卫生研究院期间事业上的一大成就和她就任研究组长后的第一炮。她专心致志地投身到这项研究中去。

作为一个资历很深的作者,罗巴德于1978年11月9日向医学界著名的刊物《新英格兰医学杂志》投送了一篇题为《神经性厌食症中的胰岛素受体异常——与肥胖症相反的现象》(Insulin Receptor Abnormalities in Anorexia Nervosa: Mirror Image of Obesity)的论文。在这篇文稿上署名的还有实验室主任罗思和监测病人情况的一个心理学家。依照常例,杂志社请了两个人审阅这篇文章,其中一人建议刊用,另一人则表示反对。

1979年1月31日,该杂志的著名编辑雷尔曼(Arnold Relman)写信给罗巴德,对晚了两个半月才答复表示道歉,并说她的研究"引起了一些不同意见",所以在征求了第三个审稿人的意见后,编委会决定她的文稿在作进一步修改之前,暂不予发表。这一决定对这位年轻的研究人员是一大打击。罗巴德不知道,导致暂不发表的反面意见来自耶鲁大学她那两个默不作声的对手索曼和费立格。

索曼原是印度浦那一所医学院的教师,1971年来到美国奥尔巴尼医学院。纽约州教育局的档案有一张索曼的照片,那是一个长着一张圆圆的脸庞、五官端正、有一双大眼睛、头发整整齐齐地梳向一侧的带有稚气而憨厚的小伙子。一个在奥尔巴尼和他一块工作过的研究人员说,索曼是"一个很能干、正直、诚实的研究人员"。在那个时期他发表了3篇论文。1975年,索曼在耶鲁大学弄到一笔研究金,从而在事业上迈出了一大步。更使他高兴的是,第二年他得到了耶鲁大学的正式聘用。1977年,已成为医学院助理教授的索曼得到了国立卫生研究院对他两项研究的资助,其中一项题为《葡萄糖稳态中的胰高血糖素和胰岛素受体》(Glucagon and Insulin Receptors in Glucose Homeostasis)的研究还获得了很多人垂涎的临床研究人员奖。索曼在费立格的指导下工作,而费立格在系里素有工头的名声,总是想从手下人那里得到可以发表的材料。索曼没有使他失望。到1980年,索曼出成果的速度已经翻了几番。自从他到耶鲁大学以后,他已和别人合作发表了14篇论文,并从国立卫生研究院得到了近10万美元的资助。

1976年,索曼到耶鲁大学不久,就获得学术机构评议会的批准,对神经性厌食症患者进行胰岛素结合的研究。有两年时间,他似乎并不急于写论文,但不久竞争的风声使他又着急起来。

1978年11月,费立格接到《新英格兰医学杂志》一份请求,要他审阅罗巴德的论文稿。费立格不顾杂志社的有关规定,把稿子转给了索曼。借着罗巴德稿子提供的新材料,索曼那项研究进展的速度大大加快。很显然,罗巴德的研究和索曼1976年最初想作以及据他说自己后来一直在百忙中抽空作的研究是一样的。索曼读了罗巴德的论文稿后,开始忙于为自己的研究收集数据了。

费立格把罗巴德的论文退给了《新英格兰医学杂志》,并以自己的名字签署了建议不用该文的意见。他没有提到,他的副手索曼曾看到此文并一直在悄悄作同样的研究。同时,费立格也不知道,索曼把罗巴德的稿子复印了一份,并用它来准备自己的论文。

1978年12月底,也就是在索曼审阅罗巴德论文稿一个月以后,索曼寄出了一篇题为《胰岛素与单细胞的结合和胰岛素在神经性厌食症中的敏感性》(Insulin Binding to Monocytes and Insulin Sensitivity in Anorexia Nervosa)的论文。文章的主要作者注明是索曼,合作者是费立格。论文寄给了由费立格担任编委的《美国医学杂志》(American Journal of Medicine)。

罗巴德寄来论文稿等于告诉了费立格,他的副手索曼在抢先发表的竞争中已经输了。他是否想帮助索曼扭转这一局面?讲话严谨、神态冷静的费立格声称,他建议不刊用罗巴德的论文,纯粹是根据论文的水平,而不是为索曼争取时间。他说,他没有理由去争第一,甚至不在乎再多发表一篇论文,因为在他名下发表的论文已有200篇了。关于他和索曼的关系,费立格争辩说,索曼是主要的受益人。他在戈尔听证会上告诉国会议员们:"索曼在学术上的信誉,实质上靠的是我。"而索曼,据费立格说,则显然想要争夺优先权。索曼急功近利,想钻进美国学术界的高层中去。

费立格说的虽然并无差错,但他却忘了提到,他的文章和影响之所以能够不断增加,与手下人给他的帮助也是分不开的。尽管他自称发表了200篇论文,但以他一人署名的只有35篇。在其他论文中,他的名字周围总有许多合作者。在他工作初期,这些合作者无疑都是挂名的高级研究人员。到后来,情况则反了过来,许许多多的索曼们无疑在事业上帮了费立格的忙。当费立格否定罗巴德的论文时,他是否同时也竭力鼓动了索曼加紧研究厌食症的项目呢?费立格否认了这种可能性。但索曼在向调查者承认许多数据有假以后,可能已经点到了这个问题。他说:"(我的)这种行为是在争取优先权的极大压力下做出的……"他没有点透这种压力的性质。

不管怎样,索曼寄给《美国医学杂志》的论文稿被送出去审阅了,而且,似乎是神使鬼差,这篇论文稿竟送到了国立卫生研究院的罗思那里,他又把它交给了自己的副手罗巴德。

她大吃一惊。这正是她的论文,许多段落完全是逐字逐句地照抄,里面甚至有她为了算出每个细胞受体部位数字而编出的公式。但除了她的同事和《新英格兰医学杂志》的编辑,谁也没看过她的论文——不,还有那三个不知姓名的审稿人。经过认真阅读他们对自己论文的评语,并把这些评语所用的打字字体和刚刚收到的文稿上的字体作了对照,她正确地猜出了那个否定她的论文的人就是费立格。她强压怒火,给《新英格兰医学杂志》的雷尔曼写了一封3页长的信,并附上了索曼和费立格论文稿的复印件。

她指控费立格和索曼剽窃,指控他们审她的稿件是触犯利益冲突,并指控他们企图阻拦学术杂志发表她的文稿。她指出:"我们承认,当两三个实验室在做同一项竞争性很强的工作时,编辑们和整个同行评议制度面临着问题。就我们自己这方面说,我们将及时告诉《美国医学杂志》,鉴于存在这种明显的利益冲突,我们将谢绝充当公正审稿人的角色。"

雷尔曼部分地同意罗巴德的批评。"剽窃确实不算严重,"他后来说,"我当时认为,费立格的印度副手抄袭一些标准套语是打错了算盘,可这也不是一个致命的指控。"但对索曼和费立格来说,审阅她的稿子是"一个直接的利益冲突"。"这不光是一个同时做同一题目的问题,而且是一个确定时间和优先的问题,是使他们迎头相撞的问题"。

怀着"惊讶和失望"的心情,雷尔曼于1979年2月底的一天打电话给费立格,谈了利益冲突的指控。费立格回答说,他的评审意见是根据罗巴德论文的质量提出的,索曼的工作早在两年前就开始了。他还告诉雷尔曼,他们的工作在收到罗巴德论文以前就已经完成了。费立格后来发现,他的这句话不是事实。雷尔曼对这种局面感到很过意不去,不久就发表了罗巴德的论文,[2]尽管现在他否认自己对这篇论文态度的急速转变是因为利益冲突一事被揭露而造成的。

就在雷尔曼打电话的同一天,费立格还接到了国立卫生研究院罗巴德的老板和论文合作者罗思的电话。罗思是国立卫生研究院学术界的一根顶梁柱,是一位杰出的研究人员和国家关节炎、代谢和消化疾病研究所糖尿病研究部主任。而且,罗思对费立格来说也不是陌生人,他们既是竞争对手,又是同在布鲁克林长大、上的同一所小学的好朋友。罗思告诉费立格,他不怀疑索曼的工作是独立进行的,与罗巴德没有关系,但他们应对这个问题作进一步讨论。

过了不到一个星期,费立格飞到国立卫生研究院开会,3月3日(星期六),他和罗思在贝塞斯达市假日旅馆举行了一次秘密会晤,比较了两篇论文,剽窃的地方虽然不多,但却是无可置疑的。费立格同意回去后找索曼对质。为了尽快而又不加声张地解决问题,这两个实验室的头头们还制定了一项纠正他们一致认为索曼做的错事的计划。正如费立格后来在一份存档的备忘录中评述的,这是一项旨在"挽回我们一方造成的失误"的计划。他告诉罗思说,他将:(1)在索曼和费立格的论文中补上一段注明罗巴德工作的话,(2)把他们的论文推迟到1980年发表,以便让罗巴德的论文占有优先权,(3)他准备在5月份召开的美国临床研究联合会议上宣读论文时提到罗巴德的工作。作为最后一个让步,费立格答应只要对这项工作的独立性"存在合法的疑问",他们的论文就暂不发表。这最后一点后来使他自己也不得安宁。

第二天(星期日),费立格打电话给罗巴德,说他对发生的事非常抱歉,并谈了他的纠正计划。罗巴德回忆说,费立格还建议,如果她能"写一封信表示原谅",这项计划就可以生效。[3]罗巴德对这项计划没有什么兴趣。

费立格星期一回到纽黑文以后,马上见了他的印度副手。索曼承认手上有一份罗巴德的论文,而且用它作为"拐杖"准备了自己的论文。

　　索曼怎么能够背着费立格干成他的勾当呢？费立格后来解释说，一个因素是校园的地理分布：索曼工作的实验室在耶鲁大学医学院的法努姆楼，离费立格办公室所在的亨特楼有两个街区的距离。另一个因素是费立格在后来的国会听证会上说出来的。[4]"我们的关系建立在一种信任的基础上，他刚来工作的时候，在我的指导下用我非常熟悉的具体技术从事研究工作。在当时的接触中没有发现任何不诚实的迹象。"可是，后来人们发现事实完全相反。费立格在叙述他和索曼的关系时又接着说："后来他又接着研究新的技术，在这个过程中，他建立了自己的实验室，得到了自己的经费。按照常理，既然是合作，人们就要承认自己的同事是诚实的。……"

　　当索曼1979年3月向费立格承认他留下了一份罗巴德的论文稿复印件作为"拐杖"时，费立格曾要求查看实验室笔记，以便确定索曼对病人进行研究的日期。当天，费立格接到罗思的第二个电话。罗思说，罗巴德现在相信索曼和费立格的研究完全是在她的论文的基础上编造的。罗思还说，他本人并不同意这些指控。他在那一天还写信给费立格说，他不怀疑索曼和费立格的研究是独立开展的，也不怀疑在罗巴德的论文稿送审前他们的研究已经"基本上或全部完成"。罗思指出，他曾要求罗巴德和他一起在这封信上签名，但她拒绝了。罗思这封1979年3月5日给费立格的信，是在没有实际证据的情况下写的。3月13日，费立格把数据记录的复印件寄给了罗思，在封面上写有开展研究的日期。

　　罗巴德对自己后方发生的事感到很失望。她觉得费立格和索曼严重地颠倒黑白，对这个问题，还有许多事要做，在《新英格兰医学杂志》上先发表她的论文是不够的。更使她伤心的是，她觉得自己的上司老想堵她的嘴。她和罗思为此事大吵过，互不客气地交换过信件。最后罗思下令不准她用国立卫生研究院的文具和时间为自己诉怨。于是，罗巴德暂时停止了在国立卫生研究院内追究此事,而决定去找耶鲁医学院院长伯利纳。到这个时候,这位年轻的研究人员才写了那封使耶鲁医学院陷于大乱的信件。她要求伯利纳帮助"解决这起严重的道德事件"。她在1979年3月27日的信中解释说,自己十分震惊的是:"索曼博士和费立格博士的论文有十多处完全照抄了我先前投给《新英格兰医学杂志》的论文。"她接着又叙述了为什么有必要进行一次调查来确定"这些数据的真实性"。她的理由包括:

- "论文没有注明负责进行行为改正疗法的医师和精神病医生的姓名,也没有注明这些研究是在哪家医院做的。"

- "数据有许多反常的地方。突出表现在所有的病人在治疗以后都恢复了正常,这和一般的经验是相违背的。"

罗巴德的第一点比看上去更重要。这两项研究作出的科学发现都指出,神经性厌食症患者比正常人更容易使胰岛素与血液细胞结合。但在治疗以后,血液细胞的行为又恢复正常。但是,要恢复健康,常常需要医生或精神病医生的密切关注。人们自然会希望耶鲁大学的研究人员能够指出与他们合作的精神病专家的名字,或者像罗巴德那样,把他列为论文合作者之一。

引起罗巴德怀疑的,还有索曼和费立格论文中的数据精确得简直不可思议。图表上表示的数据一般情况下只接近于而不是正好符合理想曲线或直线。但在索曼和费立格的研究中,图表几乎是完美无瑕。罗巴德在写给伯利纳的信中没有提到这一怀疑,因为这是一个可以被人一下子就驳掉的判断问题。所以她强调了一个驳不倒的事实,这就是剽窃。只要把两篇论文稿稍作对比,就可以肯定这里面有剽窃,尽管伯利纳和耶鲁大学的一般人都把它说成是60个字的一桩区区小事。几乎可以肯定,罗巴德的投诉之所以得到了认真的调查,主要因素正在于抓到了索曼对罗巴德论文中几段话的抄袭。假如这样明显的犯罪行为的证据不是那么过硬的话,罗巴德的批评可能就会被忽视,耶鲁大学这个实验室里的丑事就会永远埋藏在大量无人检查的研究工作的底层。

在伯利纳的要求下,费立格于4月9日提供了病人的姓名、对他们进行研究的日期,以及索曼整理的数据记录。尽管费立格后来感到后悔,但当时他没有检查这些数据是否和笔记本上以及病人病历上的数据完全一致。附在这份材料上的是一封写给伯利纳的证明研究工作属实的短信。费立格在信中指出:"我现在关心的是今后我们还会受到什么样的骚扰,以及应该怎么办。"[5] 耶鲁大学的官员在向记者介绍情况时,屡次指责罗巴德为一个"疯女人"。伯利纳于4月17日写信给罗巴德说:"那些数据早在1976年11月就开始收集了。……在你的论文送到《新英格兰医学杂志》之前,除了一项内容外,整个研究工作都已经完成了。"在谈到罗思和费立格同意在临床会议上提及罗巴德的工作时,伯利纳说,他认为这是"一个姿态非常高的解决方法"。

可是罗巴德并不这么想。她向罗思抱怨并告诉他,如果不组织调查,她就要在5月的临床会议上站起来谴责索曼和费立格的研究。最后罗思让步了,他在会议召开前告诉罗巴德,他将组织一次调查。

1979年6月,罗思建议由他的上级——国立卫生研究院负责院内研究的主任、59岁的拉尔(Joseph E. Rall)到耶鲁大学作一次调查。费立格和罗巴德都接受了这一安排。但几乎每个人似乎都认为罗巴德是小题大做,如果不去理会,这个问题早就平息了。罗思对费立格提供的数据记录很满意。拉尔也认为这样的调查纯属浪费精力。"我当时很难相信费立格还会搞欺骗,"他后来说,"我看出罗巴德信中提出的抱怨是有道理的,但我总是觉得人们不会去伪造数据,不会去剽窃别人的东西。"

拉尔是国立卫生研究院一个很忙的领导人,他没有把这次调查放在心上，说准备到秋天再去。同时，罗巴德于7月份退出了国立卫生研究院，放弃了她的研究抱负，到华盛顿一家医院当一个普通医生去了。

时光如穿梭，9月份一晃而过，10月、11月也是这样。12月快到了，但调查仍未有动静。罗巴德一次又一次给她过去的老板罗思打电话，对迟迟不见行动提出抱怨。罗思只好去找拉尔，而拉尔说自己恐怕去不了纽黑文了，找一个"更熟悉该专业"的人去也许更好。

这时费立格满有把握地希望这件事也许可以不了了之，因为他的事业中最好的一个机会刚刚开始出现。哥伦比亚大学著名的医师和外科学院一个招聘委员会推荐费立格担任该院塞缪尔·巴德讲席教授和医学系主任。费立格显然感到风暴已经过去，他接受了聘请，并打算1980年6月上任。1980年1月，他把索曼带到哥伦比亚大学，向该校的官员作了介绍，并建议任命索曼为助理教授。

但费立格看到的只是一场更大风暴前的短暂平静。在罗巴德的不断催促下，罗思于1980年1月找了一个新的调查者来负责已数度推延的调查。这个人和前一个人选不同，他年轻、精力旺盛，他就是波士顿贝思·伊斯雷尔医院糖尿病代谢科主任、哈佛医学院助理教授弗莱尔（Jeffrey S. Flier），当时刚31岁。弗莱尔说，他将在2月份作调查，并把结果直接寄给罗思，同时抄送费立格。

费立格仍不知道一场正在酝酿的风暴即将来临。有一件事可以证明这一点。尽管费立格曾答应只要对这项工作的独立性存在"合法的疑问"，他就不发表他们的论文，但在1980年1月，《美国医学杂志》还是将索曼和费立格的处于争议中近一年的论文发表了。[6]认为拟进行的调查将洗清罗巴德对耶鲁大学研究组的指控的，也不只是费立格一人。伯利纳院长说："没有一个人把这次调查当一回事，所以没有理由来阻止这篇论文的发表。"从发表的这篇文章中，可以看出某种无所顾忌的态度：从罗巴德论文稿上抄袭的东西，除了两节以外，其余全部照登不误。

2月5日,即罗巴德提出调查要求将近一年以后,弗莱尔搭上了一列由波士顿开往纽黑文的火车,准备进行这次在科研中极不寻常的调查。在几年前,弗莱尔曾见过索曼,也在学术文献上看过索曼许多写得非常漂亮的论文,他断定自己在耶鲁大学不可能找到索曼公开舞弊的证据。在纽黑文火车站站台上等他的正是索曼,他开车把弗莱尔接到自己的办公室,在办公桌上是许多他事先放好的医院的档案数据记录和笔记本。弗莱尔后来对一个记者说,[7]索曼似乎显得有些紧张,老是不自然地笑着说一些"要你来操心这件事,是不是太不值得啦"之类的话。为了缓和紧张气氛,弗莱尔和他随便聊了一下各自的研究工作。"过了半个小时,"弗莱尔回忆说,"我想我们都差不多可以谈了,所以我说:'维贾伊,我想我们该言归正传了。'我提出要先看单个病人的数据,于是我们就开始翻阅医院的图表。原说是有6个病人,实际上只有5个,索曼没有说明为什么少了一个。但我可以看出,这5个人和报告的一样,都被诊断为患有神经性厌食症,在治疗过程中,体重都有明显的上升。"

"接着,我要索曼拿出在治疗这些病人前后对他们做胰岛素结合实验的证据。他递给我一张第一个病人的数据记录。我十分惊奇。我以为会看到每个病人的图表,图表上是用点标出的数据和用这些点连成的曲线。但他给我的却是一张只写着原始数据的纸。'你没有图表吗?'我问他。他似乎有点慌张,说:'噢,我们过了一年后就把图表扔掉了,因为我们没有地方存放。'我开始感到不对劲了。刚发表的数据图表一般都不扔掉的。这实在没有道理。"

"于是我研究了那第一份数据记录,并想象出了图表的样子。很明显,正像他们的论文所报告的,当病人厌食时,胰岛素结合的量比体重增加以后要多。但同样明显的是,数据记录上的数字与我们从胰岛素受体研究中一贯得到的完全不符,与索曼和费立格论文上发表的据说代表了从所有6个病人身上取得的发现的曲线也不相符。"

"我说：'维贾伊，很奇怪，这些数据形成的曲线看上去很平稳，不像发表的那条曲线那样骤然下降。它看上去和你们报告的或者我们一般想象的不一样。'他看着那张记录纸说：'哎呀，真的！这一张一定没做好。我们再看看另一个吧。'于是我们又看了一张，结果仍不比前一张好。我们一张又一张地看完了全部的打印数据，没有一张不存在这样或那样的毛病。这里面肯定出了大问题。他们论文中那条无瑕可挑的综合曲线肯定不是根据我看到的这些数据画出来的。"

弗莱尔回忆说，这时他有点颤抖地问道："维贾伊，对此我该怎么想呢？发表的数据看来同你拿给我看的对不上。"索曼显得越来越狼狈，他把这些差错都推到一个技术员身上。但弗莱尔问道："就算这是技术员的过错，但数据明明有问题，你为什么还要发表呢？"

"就在那种情况下，"弗莱尔说，"我第一次用了'伪造'这个词，说了这样的话：'发表的数据是不是伪造的？有没有人为了让这些数据显得好像很好？'索曼支吾了一阵后说，基本上是这样的，数据是伪造的。费立格并不知道。没有人知道。我又问到一些似乎曾做了压缩的不相称的数据，他也承认是那么干了。"

弗莱尔说，索曼的招认真使他感到"有点儿发蒙了"，但他用力控制自己，继续他的工作："我说：'你知道这个问题的严重性吗？'他说'知道'，然后又开始为自己辩解。他说自己一直处于要尽快发表以便取得发现优先权的巨大压力下。他说，他所在的实验室的目标就是要多出成果。"

面对着铺在他们两人面前的伪造数据记录，索曼开始说，也许他不必再作这个领域的研究了。也许搞临床医学就够了。"在索曼从事研究工作的初期，"弗莱尔回忆说，"他感到自己有很好的名声，但在这个忙碌的研究集体中，有一种东西慢慢影响了他，导致他犯下了舞弊之罪。"

　　事后,弗莱尔才意识到,索曼发表的数据之漂亮确实曾使他和他的同事赞叹不已。不过,尽管弗莱尔及其朋友们做不出这么好的结果,但他们从未怀疑过这么漂亮的数据原来是有意舞弊的结果。"你会摇头说:'他们是怎样搞到这么漂亮的数据的?'"

　　在这次调查的一个星期后,即2月12日,费立格回到纽黑文(他的母亲去世了)并听说了调查结果。作假的文章已经发表了,而现在,弗莱尔只用了3个小时就发现了费立格忽视了一年多的东西。费立格打了个电话把这个消息告诉了他的40多岁、身体强健的系主任蒂尔(Samuel Thier)。他们两人又找伯利纳院长商量,伯利纳说,索曼必须离开学校。

　　索曼被叫进费立格的办公室。首先说话的是蒂尔。他后来追述说:"我说:'维贾伊,这个和这个都是人家拿给我看的东西。到底是怎么回事?'他看上去心神很不定,几次想要否认,但都没有成功。然后,他又反复说起他对菲尔(费立格)讲的关于弗莱尔有偏见的话。我说:'维贾伊,这话解释不通。这个人不会无缘无故地跑来对你的工作乱下结论。现在你说说到底是怎么回事?'最后,他说:'我修改了数据。我把曲线都改了。'接着便哭了起来。真够呛!"[8]

　　两个人都企图让索曼说出作假的原因,但他只是低声嘟囔说这是命运注定的。过了一会儿,索曼问道:"我现在该怎么办?"蒂尔告诉他,最好的办法就是辞去工作,放弃研究。索曼同意这样做,并离开了耶鲁大学。

　　在以后的几天中,费立格几次问到索曼为什么要编造数据。和弗莱尔所说的不同,费立格记得,索曼只字未提有什么压力或让人喘不过气的研究进度。每谈到这个问题,费立格说,索曼的回答总是和在办公室嘟囔的一样——命运。然而有一天,索曼给费立格讲了他在印度的父亲学的是工科、但后来又以务农为生的故事。费立格回忆说,索曼的父亲这样做,是因为他感到一个人不务农而去干别的,迟早总会变坏。

在耶鲁大学围绕这次调查结果出现的动乱以及随之传到国立卫生研究院的风波中,弗莱尔有一段很重要的话似乎没有被人们所注意。他在关于这次调查结果的一份4页长的报告中写道:"看起来(他们)所作的胰岛素受体研究是在去耶鲁纽黑文医院糖尿病科门诊时做的,因为在他们的医疗档案中没有具体写明哪些血是抽去做胰岛素受体研究的。"换句话说,调查表明耶鲁医院那5个病人显然是由费立格和索曼负责的,但除了索曼交出的笔记本以外,没有证据证明这5个病人就是胰岛素结合研究的对象。弗莱尔后来说:"这是一件很奇怪的事,但没有人注意到它。"这段话暗示,整个所谓研究很可能都是索曼凭空臆造的。起码有一点是很清楚的,即索曼看到罗巴德的论文时,索曼还没有找到足够的厌食症实验对象。1978年11月,他抓到一个因其他病而正在接受观察的病人,为了进行这场舞弊,他把她称为厌食症患者。"她的体重一直很正常。"她的母亲说。据这位病人本人说,在索曼所说的在耶鲁纽黑文医院对她进行受体结合研究的那段时间,她其实正在新不列颠的中康涅狄格州立学院学习。

索曼在承认了自己的问题几个星期后便离开了耶鲁大学,当年夏天,他返回了印度浦那。但对费立格来说,一段相当不好过的时期才刚刚开始。索曼和费立格的论文要撤销,这是一件不大不小的丑闻,另外,还得请一个人来审查索曼的其他数据。不这样做,耶鲁大学就可能被人指控为掩盖丑闻。费立格、蒂尔和伯利纳决定没收索曼所有的笔记、记录和图表。伯利纳给科罗拉多大学一位37岁的内分泌学家奥列夫斯基(Jerrold M. Olefsky)写了信,奥列夫斯基同意3月份来耶鲁大学。

同时,费立格面临着一个棘手的任务,他要把在耶鲁大学发生的问题向他在哥伦比亚医师和外科学院的未来的上级讲清楚。这一处境要求他找院长作一次坦率的谈话。1980年2月底,他去该学院举办一次座谈,不久,这件事便被捅了出来。

费立格坐在哥伦比亚大学医师和外科学院院长塔普利(Donald F. Tapley)的办公室里,向他讲述事情的经过。挂在办公室墙上的阴郁严峻的塞缪尔·巴德教授们的肖像像是在偷偷地盯着费立格。费立格提到他曾想把初级研究员索曼带到哥伦比亚大学来。他说,现在已经不可能了。在耶鲁大学进行的一次调查表明,索曼伪造了数据,所以他被开除了。他说,一篇署名索曼和费立格的论文因含有作假的数据已被撤销。另一次调查很快就要进行,可能还会有论文被撤销。

费立格没有向塔普利或哥伦比亚大学的任何官员提起那场关于优先权的争夺战,也没有提到有一个对手提了一年的指控,调查拖了好几个月以及最后索曼承认了剽窃等事情。这些隐瞒后来证明都非同小可。

费立格和塔普利谈话以后,在3月底的一个大风天,奥列夫斯基乘飞机来到了纽黑文,打算审查索曼参与写作的所有14篇论文。可是他弄错了。费立格没收了索曼的笔记以后,他沮丧地发现,大部分有用的东西都不见了。他问索曼这些数据记录和笔记本都上哪儿去了,索曼回答说,许多东西都扔掉了。于是,奥列夫斯基只好坐下来审查现有的东西——5篇论文的数据。他在一份给伯利纳院长的报告中诉说了他这两天的遭遇:他发现有四分之一到一半的数据都没有了。至于剩下的,他的结论是:给人的印象是"这些数据普遍都做过一点手脚"。在3篇可以找到数据的论文中,有些结论根本就不成立,因为它们和数据不相符合。在14篇论文中,奥列夫斯基认为可以通过的只有2篇。其余12篇不是因没有数据而无法查证,就是有明显的舞弊。其中有10篇是费立格和索曼联名发表的。

罗巴德获悉了奥列夫斯基调查的消息以后,于1980年4月17日往科罗拉多大学给他打了个电话,这才第一次听说了数据材料不全的事。然后,她于4月30日给伯利纳写信说,数据不全正说明奥列夫斯基的调查受到了限制,他只看到"大量严重问题中已暴露出来的一点东西"。她写到,她对同意作一次调查的理解是"文献中发表的数据必须忠实地代表真正的原始数据,否则,这些论文就一定要撤销"。她在给伯利纳的信中还怨恨地指出,几天前费立格和蒂尔还打电话给她说,这次调查表明一切都没有问题。"你知道,"她写道,"这同我们直接从奥列夫斯基那里得到的情况截然不同。我们很难理解为什么会有这么大的差距。"

罗巴德把这封信发出后一个星期,它的力量就显示出来了。《美国医学杂志》收到一封寄自耶鲁大学的信,撤销了当初引起这场风波的那篇论文。该论文是在索曼搞剽窃一年半以后才撤销的。到5月底,由耶鲁大学发信撤销的论文共达12篇。两个多月后,即8月初,哥伦比亚大学医师和外科学院一个教职员委员会迫使费立格辞去了他新任的职务,原因之一是他当初没有如实全面地反映情况。关于大量论文被撤销的事,该学院的领导人都是从外界传说中而不是从费立格本人那里听到的。费立格没有告诉塔普利他们承认了剽窃,虽然这不一定是什么大不了的隐瞒,但教职员委员会对此最为恼火。在该委员会长达7页的报告中,每段"结论"都提到了剽窃。委员会的成员们一再说,"剽窃就是剽窃",尽管事实上他们根本就没有看过有关稿子。

在这次堪称生物医学研究史上震动最大的事件之一的风波平息以后,几个主要人物都继续过着各自的日子,虽然其方式有时不得而知。在科学界,没有人知道索曼在印度的情况。至于费立格,经过耶鲁医学院三个多月的审查以后,他又重新受到了聘用。不过,他的荣誉职务没有被恢复。此外,他也不再担任《美国医学杂志》的编委。由于国立卫生研究院一个调查组没有发现他参与舞弊的任何证据,所以又继续给他拨了主要的研究经费。美国糖尿病协会等其他资助机构也这样做了。他没有退出集体研究,但仍像过去十多年一样,和斯德哥尔摩卡罗林斯卡研究所的研究人员就一个研究项目进行着通讯合作,可能会出三四篇论文。另外,他在耶鲁大学还有5个集体研究项目,但他说自己在手下人提出新方法的论文上署名时都格外谨慎。"假如一个高级科学家对初级研究人员的工作不很熟悉,"费立格在戈尔召集的国会听证会上说,"他或她就应该更仔细地审阅原始数据,否则就不应该在论文上署自己的名字。而且我认为,在同意写着高级科学家名字的论文送出去发表之前,最好先征求一下外单位专家的意见。"

瓦赫斯利希-罗巴德在完成了内科实习以后,自己开了一个诊所。她对朋友们说,研究工作对她已经不像过去那样有吸引力了。

与科学教科书中道貌岸然的案例研究相比,耶鲁大学这场风波更真实地描绘了现实中的科学研究。当然,建立在虚假数据基础上的实验是不多的,但索曼的舞弊案揭露了科学界一个部分的实际行为方式和态度。而且,这还不是任意的一个部分——耶鲁大学和国立卫生研究院都是科学精英集团的一部分。

从表面上看,研究人员都是以追求真理为己任的,但在他们日常的活动中,激励他们行动的却主要是与对手和同事的竞争,而并不是这种抽象的理想。当费立格受托为《新英格兰医学杂志》审阅罗巴德的论文稿时,他看到了罗巴德手中的牌,却不让她看自己的牌。这是很不公平的,因为从这时起,费立格和索曼知道他们正处于一场竞赛之中,而罗巴德却一点不知道她正在和耶鲁大学的研究组作对。费立格即使完全是根据论文的水平提出不予发表的建议的,他也不会不想到,他这一举动将会拖住罗巴德,而为索曼争取更多的时间。

由于精英主义在科学界盛行,所以科学界的名人及其代理人的工作比不出名的研究人员的同等水平的工作更能受到广泛的注意。科学哲学家和科学社会学家们硬说,是怀疑主义铲除了水平低劣或伪造的研究,从而使科学保持纯洁。但精英们却有权力使自己免受怀疑的检查,这说明,该机制在科学研究中并没有普遍得到应用。尽管罗巴德据理抗争,但派人调查和发现舞弊还是拖了整整一年半时间。

自恃为精英集团的一分子,恐怕是造成竞争对手们特有举止的一个原因,否则不好解释。例如,为什么费立格获悉索曼在论文中搞了部分剽窃以后,仍然要照常发表这篇受到挑战的论文?为什么罗巴德刚提出指控时,费立格不对索曼的数据和方法进行一次全面彻底的检查,而仅仅是草草看了一下数据记录?由于罗巴德一直要求作一次调查,稳妥的办法应该是建议作一次常规检查,看看是不是一切都正常。但也许费立格及其在耶鲁大学的高级同事们和国立卫生研究院的同行们有相同的见解。罗思连证据都没见到,就相信索曼的研究是独立进行的。罗思的上司拉尔作为第一个调查人,却从来没有到耶鲁大学去走一走,因为正如他自己所说,"我当时很难相信费立格还会搞欺骗。"耶鲁大学的官员们也认为,他们理所当然是不会有问题的。

保护费立格免受检查的特权也延伸到费立格的得意门生索曼的身上。当弗莱尔和他的同事们看到索曼发表的各种数据时,他们只是对他的工作之漂亮和速度之快感到惊叹,却没有怀疑其中有假。甚至当索曼大改数据,搞了许多完全错误的结果时,被认为能保证科学真理的重复实验也没有能够发现舞弊。重复实验没有也不能够发现犯罪行为。揭露耶鲁大学这个实验室问题的,是弗莱尔采取的几乎是史无前例的一种考察方法,以及奥列夫斯基花了两天时间所作的那次调查。

假如没有这种调查核实,这起舞弊肯定会逃过人们的注意,而混入无人检查也无法检查的科研结果的浩瀚海洋之中。所以,调查工作所遇到的极大困难很值得人们深思。科学本来应该是一个只承认能力和水平的王国,在这个王国中,对人和思想都是根据其水平来判断的。但实际上并非如此。正如在其他行业一样,科学家们把很大的注意力放在等级和尊卑(rank and pecking order)上。罗巴德是一个年轻而没有名气的科学家。甚至连她自己实验室的头头罗思对她的支持也是有一定限度的。对她的控诉,耶鲁大学当局则更是采取挖苦嘲笑的态度。她说的事,件件都证明她是对的,而他们是错的。但她的有理并没有为她争取到一次及时的听证,因为在科学中还是等级决定一切。要不是有明显的剽窃,等级肯定会战胜她举出的事实的。

和任何其他职业一样,科研工作也充满着宗派(clannishness)和帮会(clubbiness)色彩。这一点也不奇怪,只是科学家不承认这个事实而已。追求科学真理被认为是一种不带任何偏见的追求,它既不承认任何国界,也不承认任何种族、信仰或阶级的障碍。事实上,研究人员总是喜欢把自己划入到一个个相互重叠的团伙中去。费立格既是这种团伙的受益者,又是它的受害者。哥伦比亚大学在他起初把索曼问题告诉他们的时候,并没有撤销对他的任命,而是当丑闻传到该校后才这样做。教职员委员会的成员还没有读过那两篇论文,对问题的严重程度还不了解,就抓住剽窃问题,把它作为要求费立格辞职的一个主要原因。实际上这起剽窃案很轻,而且费立格一点都没参与。

撇开舞弊不谈,也可以看到,耶鲁大学的这个事件典型地代表了许多科学实验室内占主导地位的态度和习惯。它所揭示出来的关于科研的图景,和教科书作者及科研工作现状的辩护士们所醉心的概念化的图景几乎毫无共同之处。了解科学实际上的运作方式之所以重要,是因为这个过程不是在真空里发生的。科学家是社会的一个组成部分。他们的所作所为,恐怕要比其他职业更深刻地影响着一般公众。科学机构的态度和惯常做法造就了产生索曼的环境,而索曼的研究结果则影响了患有神经性厌食症的年轻妇女的治疗。正是在这一点上,在它与整个社会的相互影响上,科学舞弊暴露出了它的最有害的一个方面。

◈ 第十章

压力下的退让

旨在探求纯科学的基础研究,大部分在大学里和一种尽可能没有政治和社会压力的气氛中进行。科学独立于社会之所以重要,有多方面的原因,其中相当重要的一条是:一个机构里的腐败动机常常会腐蚀另一个机构。正如本章所要叙述的那样,李森科主义(Lysenkoism)的病态无情刻画出了政治意识形态强加于科学所产生的弄虚作假。而第十一章所讨论的与之相反的过程则是伪科学(false science)对社会的腐蚀作用,这种病的症状虽不那么明显,但后果却更为严重。

为了自圆其说,政治意识形态常常求助于科学,特别是生物学和难度较大的遗传和进化问题。在19世纪,英国和美国的社会达尔文主义者援引进化和自然选择的理论来支持保守的维持现状政策;他们争辩说,正因为自然选择允许适者存、弱者亡,所以政府应当允许富者发家,贫者没落。而激进派和自由派则发现达尔文的对手拉马克(Lamarck)的理论对他们更有用。如果获得性状像拉马克所说的那样是可以遗传的话,那么,通过教育改造社会的前景就会光明得多,让所有人享受均等机会的呼声也会强烈得多。

某些意识形态专家不满足于仅仅利用生物学,他们想使生物学更合自己的口味。在轰动一时但仍有争议的卡默勒(Paul Kammerer)和花蟾蜍一案中,卡默勒可能出于政治观点的原因,伪造了支持拉马克学说的证据。卡默勒是一个奥地利生物学家,在养殖两栖动物和其他动物上有传奇般的技能。他在维也纳除了从事科研工作外,在政治和社会生活上也很活跃。他是一个狂热的和平主义者和社会主义者。他爱上了作曲家古斯塔夫·马勒(Gustav Mahler)的遗孀阿尔玛·马勒(Alma Mahler),并威胁说,如果她不嫁给他,他就在古斯塔夫·马勒的坟前自杀。阿尔玛曾与好几个名人结过婚,例如建筑师格罗皮厄斯(Walter Gropius)和考考斯卡(Oskar Kokoschka);而她与卡默勒的关系主要是她做过他的助手。

在学术上,卡默勒是拉马克关于获得性状可以遗传的观点的著名鼓吹者,这一观点与达尔文的观点正好相反。到20世纪20年代,拉马克学派与达尔文学派间的辩论已持续了半个多世纪。当拉马克学说行将在世界各地被抛弃的时候,在苏联,它却随着李森科主义的兴起而被推上顶峰。卡默勒的一生与这一趋势奇怪地联系在一起。

拉马克学说虽然在走下坡路,但仍受到严肃的科学家的信奉。例如,1923年,苏联杰出的生理学家巴甫洛夫(I. P. Pavlov)宣布了一系列引人注目的实验,他声称在这些实验中,后天获得的行为在老鼠身上得到了遗传。巴甫洛夫说,新实验"表明,条件反射这种最高级的神经活动是可以遗传的"。老鼠被训练得一听到铃声就跑向喂食地点。第一代老鼠需要300次训练。它们的后代经过100次试验就掌握了同样的本领,第三代需要30次,第四代只需10次。"我离开彼得格勒前看到的那代老鼠,"巴甫洛夫1923年7月7日在密歇根州巴特尔克里克的一次报告会上说,"只用了5次就学会了这项本领。我回去后准备对第六代进行试验。我认为很可能不用多久,新一代的老鼠无需受训就会在听到铃声时跑向喂食地点。"[1]

对一心想实现改善人类的教条主义者来说,关于获得性状可能遗传的发现至关重要。可惜,这项对6代老鼠做的实验有错误。几年后,巴甫洛夫宣布他受了一个助手的欺骗,因而撤销了实验结果。一位观察者评论说,巴甫洛夫"如果不带着苏联生物学家以及整个知识界所共有的(即使在革命前也如此)拉马克学派偏见的话,他是不会这样轻易上当的"。[2] 但是,巴甫洛夫对拉马克学派观点的兴致仍不见衰减,以致邀请了卡默勒去苏联在他的研究所建一个实验室。

卡默勒收到邀请时,正处在困难之中。他的工作正受到达尔文学派的猛烈攻击,其中主要的对手有英国遗传学家贝特森(William Bateson)和纽约美国自然史博物馆的诺布尔(Kingsley Noble)。他们攻击的焦点是卡默勒用一种通常在陆地上繁殖的花蟾蜍所做的实验。一般雄蟾蜍的前爪上都长有用于在水中交配时抓住雌性光滑背部的"婚垫",而雄花蟾蜍的前爪却没有这种婚垫。

卡默勒发现,如果他迫使花蟾蜍在水下交配,那么,花蟾蜍经过几代繁殖,后代生下来便会长有和其他蟾蜍一样的婚垫。指出这是证明获得性状可遗传的一项重要实验的不是卡默勒,而是他的一个反对者。卡默勒以另一项用海鞘做的实验作为证明拉马克学说的最好证据。至于花蟾蜍,卡默勒相信,它们可能是获得并遗传了生成婚垫的能力,但这种遗传能力也可能原来就有,只是此时刚刚发现。

到1923年,卡默勒只剩下一只长有婚垫的花蟾蜍。他有一次去英国访问,让贝特森看了这只花蟾蜍。后来贝特森要求再看一下,但得到的答复是无法从维也纳寄去。与此同时,诺布尔在纽约认定,在卡默勒发表的显微照片上,婚垫的某些腺体看上去有问题。诺布尔1926年访问维也纳生物实验研究所时,观察了最后那只花蟾蜍的婚垫。他在8月7日出版的《自然》杂志上发表了他的发现:婚垫上黑色的东西原来是印度墨。[3]

卡默勒当时正准备离开维也纳去莫斯科大学就任生物学教授。1926年9月22日,他在给莫斯科科学院的信中写道:"读了《自然》杂志上的)那篇攻击文章后,我到生物实验研究所专门查看了那件有问题的标本。我发现诺布尔博士说的完全属实,不错,还有一些别的实验动物(黑蟾蜍),在我做的结果上也发现有事后用印度墨作的'修改'。除我之外,还有谁会搞这样的伪造,实在是很难说清。但可以肯定,这件事实际上已使我毕生的工作置于人们的怀疑之中。"

"因此,尽管我本人没有参与这些伪造标本的事,但我再也不敢认为自己有资格接受你们的聘请。我知道,我也承受不了对我毕生工作的这种打击,我希望明天我将有足够的勇气和力量了此残生。"[4]第二天,卡默勒走进深山,把子弹射进了自己的头部。

卡默勒的自杀为这一成为科研舞弊典型的事件提供了完整的情节:达尔文的敌人搞的假数据终于被查获,他在悔恨交加之中结束了自己的生命。但事实却比为后世的学生们归纳的教训更为复杂。卡默勒并没有把那项实验看作是对拉马克学说的证明,他在遗书中所作的自白值得认真考虑。作家凯斯特勒(Arthur Koestler)写了一整本书来证明卡默勒的清白无辜。[5]在凯斯特勒看来,婚垫确实存在过,也许被一个过于热心的助手为了准备诺布尔的来访而画蛇添足做了手脚;在凯斯特勒看来,另一种可能性是,这一蹩脚的伪造是有人想让卡默勒丢丑而故意搞的。

另一方面,诺布尔过去的助手阿伦森(Lester Aronson)则认为,凯斯特勒是粉饰卡默勒可疑学术行为的证据。[6]阿尔玛·马勒在谈到她当卡默勒助手期间的经历时指出:"我记下非常精确的实验数据,也会使卡默勒恼火。而不那么精确的正面数据反而会使他更高兴。"[7]卡默勒究竟是有罪的还是清白的,现在还下不了定论。但有一种看法认为,事实介于两者之间。"我相信卡默勒不是一个有意的伪造者,"加利福尼亚大学的戈德施米特(Richard B. Goldschmidt)于1949年写道,"他是一个极易激动、颓废而又聪明的人,经过一天的实验室工作,他常常在夜里创作交响乐曲。他原先不是一个科学家,而是德国人所说的Aquarianer,即业余养殖低等脊椎动物的人。他干那一行有高超的技能,我认为他拿出的最初数据基本上是正确的。……后来他产生了一个念头,觉得他能够证明获得性状可以遗传。这一念头使他鬼迷心窍,竟'修改'了自己的记录。……在以后的岁月里,他大概太急于证明自己的主张,因而开始编造或'篡改'实验结果。虽然这实际上就是伪造,但我不能肯定他意识到了这一点,并且是有意这样做的。到最后,他很可能是一个神经过敏的可怜虫。"[8]

戈德施米特对卡默勒的兴趣产生于20年前的1929年,当时他在列宁格勒*的一条街上看到一部名叫《蝾螈》(*Salamandra*)的电影海报。这是一部热情宣传拉马克学说的电影,其中心人物就是卡默勒的悲剧形象。片中的反角是他的实验助手,这个助手把墨水注射到一只蝾螈标本的体内,在卡默勒就获得性状的遗传问题作了精彩的报告以后,他揭露了这一假成果。当卡默勒收到人民教育委员卢那察尔斯基(Anatoly V. Lunacharsky)邀请他去苏联的信时,他已被大学解雇,并产生了自杀的念头。

影片中的阴谋可能是虚构的,但这部影片预示了一场灾难即将降临苏联科学的严酷现实。拉马克学说得到了这个苏维埃国家的全力维护。影片《蝾螈》就是教育委员卢那察尔斯基授意摄制的,影片中他的角色也是他本人扮演的。虽然卢那察尔斯基并没有想把拉马克学说强加于苏联科学家,但他为那些想这样做的人创造了条件。

人们提到李森科事件,通常有点简单化,目的是要告诫政治家不要破坏科学的自主性(autonomy of science)。引出这样的教训是对的,但

---

*1991年恢复原名"圣彼得堡"。——译者

这一段复杂历史的全貌含有另一个不那么被人注意的教训:科学家及其机构自身并不总是有力量保护他们最核心的原则,使之不受政治的侵犯的。

李森科(Trofim Denisovich Lysenko)于1898年出生于乌克兰一个农民家庭。他在基辅农学院获得农学博士学位。他最早受到苏联公众注意是由于他提出了"春化作用"。李森科宣称,冬小麦经过湿润和冷藏,可以推迟到春天播种,而且产量会超过春小麦。专家们对此未加理会,但李森科证明了他们是错的:他的父亲应自己的要求浸泡了48千克冬小麦种,把它们播种在春小麦旁边,收成果然比春小麦好。

春化处理被政治家们看中,并作为改善苏联农业生产力奇低的方法受到大力推广。这场推广运动还没等到对李森科的技术做进一步试验就开始了。李森科仅靠半公顷地上的一季成功就扬名发迹了。

春化处理并非像李森科所说的是他自己的发现,而是一项古老的农民技术。在某些情况下,它可以提高产量,但这项被李森科吹嘘为具有深远意义的成果,至今还没有找到科学根据。列宁(Lenin)曾规定,在科学问题上,党的领导必须尊重专家。但是政治家们当时急于把农业搞上去。科学家们答应5年拿出成果,而李森科的方法却能马上生效。政治家要科学家认真对待李森科的发现,并开展一场讨论来决定谁是谁非。可是苏联大部分生物学家不是袖手旁观,就是以调和的语调赞扬李森科。据俄国生理学家梅德韦杰夫(Zhores Medvedev)说:"必须指出,李森科早期著作中的合理因素得到了许多科学家的支持。……当时的科学院院长科马罗夫(Komarov)、里赫特(Rikhter)教授、凯勒(Keller)院士和其他许多生理学家、植物学家都积极评价了这一工作。"[9]

科学界一开始表现出来的屈从和妥协倾向是走向灾难的第一步。当时有无别的选择呢? 不错,从1929年至1932年,党命令要消灭所有的"资产阶级"专家,即那些与党持有不同观点的人。但整个科学界普遍受到这种压力;它与李森科主义并没有任何联系。

在20世纪30年代初期,与李森科学派公开争辩的科学家都是1929年以前竭力想搞出一套共产主义科学观的人,例如瓦维洛夫(Nikolai I. Vavilov)。瓦维洛夫是一个优秀的植物分类学家和有魄力的科学管理人员,因未能推动苏联农业的发展而受到批评。起初,他也赞扬过李森科,在《消息报》(Izvestia,1933年11月6日)上称颂李森科的方法是"苏维埃科学的一项革命性发现"。约拉夫斯基(David Joravsky)曾就李森科主义的历史写过一本内容严谨的书,他评论说:"这是一个徒劳的策略。"[10]李森科和他的学生们接受了上述的颂扬,但却拒绝接受伴随而来的科学解释。约拉夫斯基说:"他们宁愿由他们自己去作牵强附会的解释,尽管他们这样做是在蔑视科学。只有少数有斗争性的科学家敢于毫不屈服和无所保留地说话。……科学界的多数人只是在悄悄地观望。"

1935年以前,得到苏联政府更多支持的是主流派科学家,而不是李森科那样的少数人。但在1935年,它突然把主流派科学家打到了少数派的下面。这完全是一个绝望之举。官僚们发现他们在农业上的进展不大;他们下令在李森科学派和科学家之间开展的"讨论"也没有找到满意的答案,因为双方根本没有共同语言。于是官僚们选择了一个官僚主义的解决办法,也就是找一个专人负责处理这个问题。不幸的是,他们选择了李森科。

提到李森科,西方多数科学家都以为这个人建立了一个恐怖统治:他强迫生物学家放弃遗传学,否则他们就有坐牢杀头的危险。但事实要复杂得多。一直到1948年,他才掌握了将遗传学家撤职的行政大权。诚然,在斯大林(Stalin)的领导下,确实存在一个针对社会各阶层的恐怖统治,但总的说来,它的打击目标还是很凌乱的。有一个事实很少有人提及,即斯大林主义的恐怖不仅打击了正统的遗传学家,也打击了李森科学派。"不管怎么看,公开的资料无法证实一般人关于恐怖机器自觉而一贯地勾结和支持李森科学派的看法。"约拉夫斯基说。*

1935年以后,由于植物病理学家的迁就,李森科及其追随者逐步巩固了权力。他企图使整个植物病理学服从他的春化原则。"植物生理学家们抵制了李森科强加于他们学科的严重混乱,从而捍卫了自己的学科,但由于他们承认李森科在实用方面的成绩,同时又承认自己在这方面有不足之处,因此他们总是一步步削弱了自己。只有少数几个大胆的人敢于以谨慎的言辞表示,李森科在实践上的成功也许和他学术上的贡献一样都是假的。"约拉夫斯基指出。后来的教科书和文章都采用了这种"四不像"的说法——把科学问题纳入了李森科学派用心险恶的圈套之中。

第二次世界大战结束之前,李森科还没有真正开始对生物学的基础特别是对遗传学的原理展开攻击。第二次世界大战以后,他宣布自己是一个拉马克主义者,以此来反对其批评者的达尔文主义论点。同时,政治家们对他匆匆抛出的实践药方的信赖也有所动摇。经过又一次的"讨论",他们终于在1948年7月决定把所有有关农业科研方面的领导权交给李森科。

1948年苏联科学院召开的一次会议,说明了当时苏联生物学所陷

---

* 瓦维洛夫的例子形象地说明了这种矛盾现象。《科学传记辞典》指出:"瓦维洛夫终于被看作是20世纪一位杰出的遗传学家,苏联科学精华的象征,以及一位为科学真理献身的殉难者。"但瓦维洛夫同时又是一个政治活动家,他尽管没有入党,但对党无限忠诚。他于1940年在乌克兰采集植物标本时被捕,罪名是"充当英国间谍",可能是因为营养不良于1943年死于狱中。但问题是,他到底是因为政治活动而死的(如苏联社会许多别的头面人物那样),还是因为他的学术观点而死的?诚然,在他被捕前,他曾受到两个李森科学派分子的公开谴责,但这两个人在他之后也进了监狱。——作者

入的绝境。会上发言的有庆祝全胜的李森科学派和为保存自己的研究所而自贬的违心者，以及为维护自己的地位而不惜牺牲同行或原则的野心家。对于科学家的职责能否使他们反抗政治压力这一问题，在这种情况下的答案是否定的。约拉夫斯基看了这次会议的文件后指出："李森科学派把政治的盐硬倒入苏联科学家的碗里，有些人公开宣布不干了，正直的人把罪名揽在自己身上，不正直的人则在设法把过错推给他人。"

植物学家们基本上都向李森科让了步。只要他们在口头上赞同李森科的荒谬理论，他们就可以安安稳稳地搞自己的专业。但他们妥协的代价是使自己搞遗传学的同行们单枪匹马地面对着李森科学派。遗传学家所从事的是一门在方法学上更严格的学科，他们让步的余地很小。他们中间没有几个人背叛自己的专业，1948年以后当他们被迫离职时，这一专业在苏联便不复存在。科学院遗传研究所在1935年有35个研究人员，1940年当李森科取代瓦维洛夫出任该所所长时，只有4个人投靠了李森科，而这4个人几乎也是全国仅有的这样做的遗传学家。

如果说1948年标志着李森科主义的胜利的话，它也埋下了李森科下台的种子。从他掌权的时刻开始，他也就要对改善农业生产力的状况负责。不管从他们的行动看是多么难以置信，党的领导者们总是以注重实际而自豪。这就是他们为什么看中了李森科而看不上象牙塔上的理论家的原因，因为李森科的资本正是实际重于理论。

但这时李森科已经黔驴技穷。他的方案的高明之处，就在于这些方案总的说来既无需付出什么代价，也没有任何害处。经过大约20年，党的领导者最终开始意识到，李森科的方案没有解决任何问题。即使这样，斯大林死后，其继承人还是又用了11年的时间才改变了他们的主意。其所以用了这么长的时间，原因之一被认为是苏联生物学界悲惨的消沉状况。遗传学家受到摧残以后，没有一个明白人敢于指出，整个苏联生物学领域被一个骗子及其谄媚者统治着。

科学院是苏联为数极少的几个半自治机构之一:在彼得大帝赐予的权威下,它保留着一项少有的特权,即可以通过秘密投票选举院士。1964年6月,经科学院生物学部批准,一个名声极坏的李森科分子、同时也是4个投机的遗传学家之一的努日金(N. I. Nuzhdin)被提名为科学院院士候选人。但在全体大会上,他却很难得到通过。当时在西方并不知名的年轻物理学家萨哈罗夫(Andrei Sakharov)对选举努日金提出了言辞激烈的抗议。他的发言的结尾部分如下:

萨哈罗夫:至于我本人,我呼吁所有到会的人把赞成票都留给那些同努日金和李森科一起,对苏联科学发展中那段臭名昭著、令人痛苦、好在即将结束的时期负有责任的人去投。(掌声。)

克尔德什(Keldysh,科学院院长):……我想我们不能……以这样的观点来对待选举。我认为,在这种场合下挑起一场关于生物学发展问题的讨论,似乎是不合适的。根据这一立场,我认为萨哈罗夫的发言是不明智的……

李森科:不是不明智,而是诽谤性的! 主席团……

克尔德什:特罗菲姆·杰尼索维奇*,主席团为什么要为自己辩护呢? 那是萨哈罗夫的发言,不是主席团的发言。起码我不赞成这个发言……

正是由于像克尔德什这样的科学界领导人的迁就,漫长的李森科时代的疯狂才得以不断延长。一个只能煽起5分钟狂热的鼓动家竟能使苏联最高级政治领导人头脑发昏达35年之久,根本的原因当然应该从李森科得以发迹的那个社会的弊病中去寻找。但问题是,处于那个社会之中的科学界在外部压力下既没有保护住它的原则,也没有保护

---

* 即李森科。——译者

住其信仰的核心。这种压力有时因斯大林的恐怖统治而加大，但它同恐怖统治绝不是一回事。即使在1964年秘密投票受到保护时，科学院仍有22名院士投了努日金这个御用文人的赞成票，但是126人投了反对票。

李森科于1965年2月被免去了科学院遗传所所长职务。一个被派去调查莫斯科列宁山上李森科实验农场的专家组在调查后写了一篇报告，指控李森科谎报和故意伪造科学数据。他当时正在研究一种旨在提高牛奶中乳脂产量的方法。但专家组发现，尽管采用李森科的方法可以提高牛奶中乳脂的含量，但牛奶以及乳脂的总产量却降低了。梅德韦杰夫评论说："即使按照李森科自己的数据，他提出的拟在全国推广的方法在经济上也有问题，到1965年已造成了严重的损失。"李森科的权势终于垮了。在以后的许多年里，人们在莫斯科科学院附近可以看到他瘦削的身影，使人不断想起科学家蒙受多年的耻辱。他死于1976年。

人们很容易把这一荒唐的事件推说成苏联社会所特有的痼疾，可能只有在苏联，这种痼疾才可能拖得这么久。但许多使李森科能维持其权力的因素在多数国家都存在。尽管苏联的孟德尔遗传学研究受到了摧残，但苏联领导人起初也未必想这么做。他们的目的是要尽快实现苏联农业现代化。对于面临李森科主义问题的苏联科学家来说，这个事件说明，靠科学方法来抵御非科学意识形态的侵犯，其能力是很有限的。

英国物理学家和科学观察家齐曼指出：李森科主义的可怕特点是"科学组织表面正常，而在内部却存在着这种虚假教义"。"这一悲剧并不在于那几个慑于不可抗拒的暴力威逼而缄默不语或讲违心话的人，而在于许许多多似乎接受了灌输给他们的教义，却不能用理性鉴别这些教义的人。我们不能责怪一个只受过一半教育的人相信并企图让别人也接受自己的理论。我们必须问问,整个科学界竟然做了这样愚蠢的理论的俘虏,到底是怎么回事?"[11]

　　李森科事件说明了一个理应是自主的科学界在社会有意识的压力面前屈从到了怎样的地步。在西方国家,这种压力一般被认为是不合适的,但这并不等于说,政治家们并不常想这样做。*对西方社会来说,由于社会的开放和对新思想有更大的接受力,所以更大的威胁是与上述情况相反的问题:国家受伪科学或装扮成科学的社会教条(social dogma disguised as science)的影响,而科学家们却不能揭穿其真相。令人忧虑的能力测验的历史便是一个典型的例子。

---

　　* 1953年,因美国国家标准局的科学家坚持宣布一种叫AD-X2的电池添加剂没有用(事实确实如此),美国商务部长威克斯(Sinclair Weeks)免去了该局局长阿斯廷(Allen V. Astin)的职务。——作者

◇ 第十一章

客观性的失败

　　科学态度(scientific attitude)的精髓是客观性。科学家在分析事实和检验假说时,理应严格排除自己对结果的期待。在公众的心目中,客观性是科学家的突出特点,因为它使科学家看问题不因教条的歪曲而受影响,使他能够如实地看待真实世界。要做到客观是不容易的,研究人员要经过长时间的训练才能达到。

　　但在某些科学家身上,客观性只是表面上的东西,而不是一种真诚的处世态度。在客观性的掩护下,一个科学家可以比明目张胆的煽动更便于兜售自己的教条信念。但是,比起做了教条俘虏的科学家个人来,还有一个更重要的生死攸关的问题。

　　科学界本来应该是致力于一个共同目标的知识分子群体。如果一个科学家成了教条的牺牲品,想借科学的名义推行这种教条,他的同行们能马上觉察到他的错误并设法纠正吗?历史证明,事实恰恰相反,科学家群体常常会盲目地把这种教条都接过来,只要它合乎他们的口味,并且有适当的科学装饰。正如重复实验不能保证防止错误一样,客观性常常也不能阻止教条的渗透。

　　本章讨论的案例既有故意舞弊,也有自我欺骗。当然,对科学界来说,重要的问题并不在于弄清产生错误的根源属于哪种类型,而是要消除它的根源。这些案例关系到一个主题,即遗传和环境是怎样和各自以多大的程度造成了生物体特别是人的各种特性的。这个问题是对科学的客观性的严峻考验。由于这个问题影响着人们的政治和社会偏见，所以很少有人作过认真的探讨。简单地说，遗传论观点主张智力和其他能力是生而有之的，这种观点受到保守派的欢迎，因为它似乎为保持现状和这派人在社会中的地位提供了依据。而另一方面，环境论者提出，人的能力只受社会的限制，特权绝不是天赋的。一个半世纪以来，科学界反复不断地容忍着以科学家面目出现的教条主义者怀着形形色色的目的打出科学的旗号。

莫顿（Samuel G. Morton）是费城一个杰出的医生，也是他那个时代一位著名的科学家。从1830年到他1851年去世的这段时期，他共收集了一千多具不同人种的头骨。莫顿相信，颅容量（即头骨的容量）是衡量智能的一个尺度。他按颅容量把白种人排在最高一类，把黑人排在最低一类，美洲印第安人在中间。在白种人中，西欧人又高于犹太人。这个结果正好符合他那个时代的偏见，不过，这些结果当然是作为由客观科学事实得出的必然结论提出来的。

莫顿案例的惊人之处，在于他是多么彻底地让自己的偏见贯穿于科学工作之中。他的信条不仅造就了他的理论，也造就了据称产生该理论的数据。为得到所需的结果，他肆意篡改数字。他的篡改完全是公开的，写在他的学术报告的明页上，因而显然不是故意的。这桩奇闻之奇，在于当时的科学家竟没有一个人发现这些再明显不过的错误。直到1978年哈佛大学的古生物学家古尔德重算了莫顿的数据，用莫顿自己的证据表明所有种族的颅容量实际上大体相等，这些错误才被查了出来。[1]假如莫顿稍微有一点客观性的话，他就会从自己的数据中看到，决定头骨大小的主要因素是体型的大小。

莫顿并不是一个孤立的个人，他代表了美国科学的精英。《纽约论坛报》（New York Tribune）在他的讣闻中宣称："恐怕没有一个美国科学家在全世界的学者中享有比莫顿博士更高的声望了。"他因为用一套客观的事实取代了推测,所以在当时受到了广泛的赞扬。据古尔德说,莫顿的颅容量表"在19世纪被视为关于各人种智力水平的无可辩驳的'过硬'材料而反复翻印"。它被用来为奴隶制辩护。美国南部一家主要的医学杂志《查尔斯顿医学杂志》(*Charleston Medical Journal*)在谈到莫顿去世时宣称:"我们南方人应该把他看作是我们的恩人,因为他用实际材料最好地帮助确定了黑人作为劣等种族的真正地位。"

回过头来看,莫顿篡改数字的手法就像小孩所做的那样明显。当他想把一组头骨的平均数降低时,他就把其中的小头骨算进去,而当他想提高一组头骨的平均数时,就把其中的小头骨排除在外。这样,在评价美洲印第安人时,莫顿加进了许多头骨一般较小的印加人,但为了不让高加索人种(白人)的平均数值降下来,他又有意把头长得较小的印度人排除在外。莫顿没有注意到男性因身材大于女性,所以头骨也大,因此没有针对性别的影响作出纠正。他列出的表表明,英格兰人的颅容量为96立方英寸*,与霍屯督人**75立方英寸的颅容量形成鲜明的对照。但英格兰人的数据全部取自男性,而霍屯督人的数据却全部取自女性。此外,莫顿还犯了许多明显的运算错误,这些错误都是有利于他的种族等级偏见的。

古尔德重算了莫顿的数据,得出了下表所列的结果。古尔德总结说:"我对莫顿的排列作了订正,即使按莫顿自己的数据,也没有发现各人种之间有任何大的差别。"

莫顿数据中的欺骗性一直没有被采用其结果的科学家发现。他所列的表在科学文献中也一直没遇到挑战,只是随着用颅容量决定种族优劣的整个命题名声扫地,它才销声匿迹。

---

　　* 1立方英寸约为16立方厘米。——译者
　　** 生活在南部非洲的一个黑人民族。——译者

各人种颅容量对照表(单位:立方英寸)

人种	莫顿的结果	古尔德重算的结果
高加索人(白种人)	87	87(现代) 84(古代)
蒙古人(黄种人)	83	87
马来人	81	85
美洲人(印第安人)	82	86
埃塞俄比亚人(黑人)	78	83

但在整个19世纪,一直有人企图找到所谓"科学"的标准来说明一部分人比另一部分人优越。这些探索者总是标榜自己工作有严格的客观性和他们所得结果的无偏向性。他们排出的等级都正好一而再、再而三地为当时某种有争议的社会安排(例如奴隶制,或妇女低男人一等,或欧洲人优越于其他人)提供了根据。现在已经弄清,这些划分等级的工作所依据的参数——无论是大脑的重量,大脑的某些部分的大小,还是脑缝关闭的时间——对他们所要证明的东西没有什么意义。

古尔德在《对人类的错误测量》(*The Mismeasure of Man*)一书中,把这类科学上的教条主义的可悲案例按时间顺序列了一个表。[2] 这些案例的共同之处在于它们都给偏见披上了科学的外衣。任何信奉某种流行的社会教义的科学家,都企图"科学地"(即求助于客观验证的科学方法)证明这种教义。但在看实际数据时,他往往会不自觉地选用支持其原有想法的那些数据,然后宣布他的想法得到了证明。这种论证看起来总是一条由数据到结论的直线,而实际上它走的总是一个圆圈,是从结论到挑选出的数据,最后再回到原来的结论。

卷入这种无益之劳的不仅是些脑子有毛病的人,而且还包括最优秀的科学家。法国优秀的解剖学家布罗卡(Paul Broca,人脑控制语言的中枢即以其名命名）是以脑的大小判断优劣的主要鼓吹者。他在1861年写道："一般地说，成年人的脑子比老年人大，男性的脑子比女性大，杰出的人的脑子比才能一般的人大，优等种族的脑子比劣等种族的人大。"当一个主张平等主义的论敌提出，德国人尽管明显地不如法国人聪明，但脑子却比法国人大时，布罗卡援引了诸如体型大小这样的确实影响脑子大小的因素，但只是为了说明德国人的脑子比法国人小。还有一次，哥廷根大学有5个教授死后，人们根据他们生前的同意，测了他们大脑的重量。当他们的脑重量令人沮丧地证明与一般人没有什么差别时，布罗卡宁愿咬定这些教授根本就不杰出，也不肯放弃自己的理论。假若布罗卡知道他自己的脑子也不过只比一般人重几克的话，他对事实的态度或许会稍微公正一点。

　　古尔德说："理论建立在对数字的解释上，解释的人常常被自己的巧辩所欺骗。他们相信自己的客观性。他们没有看到，根据同样的数字，可以有多种不同的解释，而他们的偏见使自己只取其一而舍其他。布罗卡已经是离今天很远的人了，我们可以回过去证明，他不是运用数字提出新的理论，而是要说明一个早就提出的结论。……布罗卡是一个优秀的科学家，在工作细心和测量准确方面，还没有人能超过他。如果不是由于我们自己的偏心，我们怎么会认为他有偏见，认为现在科学的运转能独立于文化和阶级之外呢？"

　　对莫顿和布罗卡这类人的荒唐做法只是嘲笑一番是很容易的，但这样嘲笑是不对的。他们并不是19世纪无关紧要的无知之徒，他们都被认为是本国最优秀的科学家。自那时以来，他们所走的圆圈式的路子又有很多其他人去走。事实证明，20世纪的科学家完全可能重新掉入同样的陷阱，只是吸引他们落入陷阱的东西不同而已。今天，吸引他们的已经不再是颅容量或脑重量这类所谓划分人们优劣的标准：人们仍在同样狂热地追求着这种狂想，只不过名义变了，变成了智商分数。

智力测验是法国人比奈(Alfred Binet)发明的。他为这种测验规定了三大原则,但这三大原则都被他的美国模仿者系统地忽略和歪曲了。比奈的第一条原则是:测验分数不说明任何先天的或永久的东西。第二条:测验题只是一个粗略的杠杠,用来找出和帮助那些学习有障碍的儿童。第三条:低分并不意味着一个儿童天生就没有能力。比奈的测验题是由美国新泽西州瓦恩兰德弱智儿童训练学校研究主任戈达德(H. H. Goddard)译成英文并介绍到美国来的。不久后,戈达德根据比奈的测题发明了一种智力缺陷测题,认为可以把智力作为一个统一的实体加以测定。这样,他就违反了比奈的第一条原则。此外,他认为智力理所当然是靠先天遗传的,因而又违反了比奈的第二条和第三条原则。戈达德辩称,以此为根据,社会的现存结构是合理的,不能改变的,因为处于社会最底层的天生愚昧者离不开他们的天生优越的主人们的领导。

戈达德毫不隐讳他的假定所导致的可怕结论。他在1919年说:"我们必须了解,有很大一批人,一批工人,不比儿童高明多少,必须由别人告诉他们做什么和怎么做。……领导人只是少数,多数人必须是跟着干的。"他根据自己的思想想出了另一个结论:"弱智者"——戈达德所划定的——不应被允许繁殖后代,以免把人口的平均智力水平降得更低。

为了证明这一论点,他调查了新泽西州一个家庭的家系。这一家的祖先曾两次结婚,第一次娶的是一个酒吧女,第二次是个贵格教徒。第一次结婚生下的是贫民和低能儿;第二次生下的都是诚实的公民。戈达德所说的这个卡利卡克家庭在几十年的优生学运动中作为一项经典的家系研究而出了名。戈达德告诫说:"在我们周围有许多卡利卡克式的家庭。他们以两倍于一般人增长的速度繁殖着,如果我们无视这个事实,并且没能在此基础上进行工作,我们就无从解决这些社会问题。"³戈达德在一本关于卡利卡克家的书中,还发表了这些弱智后裔的照片。读者一眼就可以看到他们的眼睛里有一种堕落和贼一样的神色,他们的嘴巴邪恶地扭曲着。不幸的是,戈达德书里的油墨已经褪色,暴露出了那些照片做过手脚的痕迹。照片上的眼睛和嘴巴都经过了修饰,使卡利卡克家的人都有一副恶相。⁴

戈达德把比奈的测验带进了美国,而对这种测验加以翻新的是斯坦福大学的心理学家特曼(Lewis M. Terman),他搞的测验被称为斯坦福–比奈测验,是后来几乎所有智商测验的模本。特曼相信他的测验有神一般的力量可以找出坏基因,并把它从带有这种基因的人身上扫除。他在1916年写道:"可以肯定地预言,在不久的将来,智力测验将把数以万计的这些高级缺陷者置于社会的监督和保护下。这将最终做到限制弱智者的繁殖,消灭大量的犯罪、贫穷和工业的低效率。"特曼鼓吹人人都要进行测验,用这个方法不仅消灭有缺陷者,而且把社会可以接受的成员安排到适合他们智力水平的工作上去。

有一样东西是可以用智商测验测定的,那就是测验时的表现。声称这种测验可以测出除此以外的任何东西(比如"智力"),都是没有根据的。毫无疑义,在构成人的所谓"智力"的诸多能力中,有的确实是通过遗传继承下来的。但任何遗传的东西都要受到一个人成长所处的环境的改造。20世纪初,主持智商测验的人都有一种强烈的遗传论偏见,以致他们对数据中有关环境影响的明显证据总是视而不见。他们所能看到的只是反映了他们自己所持观念的东西,这些东西正像莫顿的情形一样,与他们那个时代和社会阶级的偏见互相呼应。

李森科由于把他荒谬的教条强加于科学,因而成了荒谬科学(errant science)的代名词。遗传论者未能实现一个严格按他们的测验建成的社会并成为这个社会的主宰人,但他们并不是不想这样做。就在美国卷入第一次世界大战的那一天,美国心理协会会长耶基斯(Robert

M. Yerkes)呼吁他的理事同行们加强为军事服务。随之便出现了一项对新兵进行心理测验的庞大计划。幸好军方对测验结果几乎未加理会，但心理学家们却利用这些测验结果为他们这项技术的所谓成果大造声势。1924年，美国心理协会前会长特曼宣称："现在，心理学已经对将近200万士兵进行了测验和分类，并被要求对数百万在校儿童进行分类。心理学正在用于我们各地的弱智者、少年犯、罪犯和精神病机构；它已经成为优生运动的指路明灯；它正在应国会议员的要求对国家的移民政策进行修订。……今天，没有哪个心理学家能够抱怨说，他的学科未受到足够的重视。"

军队智力测验的结果于1921年由耶基斯发表在一部长达800页的专著《在美国陆军中所做的心理检查》(*Psychological Examining in the United States Army*)中。据古尔德说，尽管这些测验早已被人遗忘，但由这些测验归纳出的"事实"还长时间地影响着美国的社会政策。它的3个主要结论是：1. 一般白种美国成年人的智力年龄为13，略高于低能；2. 欧洲移民可以按他们的原籍打分，肤色较白的北欧人比斯拉夫人以及肤色较黑的南欧民族更聪明；3. 黑人排在最后，智力年龄为10.41，比意大利人(11.01)和波兰人(10.74)还低。心理学家们对那种把多数国家的一般人都看成是低能者的荒唐发现不加怀疑，反倒被引导讨论起在半数选民不适合投票的情形下民主是否可行的问题来。

不管这些心理学家如何标榜他们的客观性，用任何科学标准来看，在军队搞的这项测验都是站不住脚的。测验题带有很强的社会文化性，测验在条件不充分的情况下仓促举行，完全是走过场。有明显的证据表明，在很多情况下，新兵们都不知道该做什么，这样测得的结果本来应该是无效的。然而，正是从这些大量有问题的数据中，可以很清楚地看出外界环境对智力的影响。不能说耶基斯没有看到这种影响；奇怪的是，他总是用维护遗传论的说法加以辩解。他曾发现平均分数与钩虫病有密切的关系。这难道不正好说明健康状况,特别是与贫困有关的疾病会影响一个人的分数吗?但耶基斯却选择了另一种解释,即愚蠢的人更容易生病,他说:"天生的低能会造成产生钩虫病这样的生活条件。"

耶基斯的数字表明,美国北方各州黑人的平均分数几乎是南方黑人的两倍,在分数最高的北方4个州,黑人的平均得分实际上超过了南方9个州的白人。这是否由于北方的黑人有较好的受教育条件,而南方的黑人却遭受着歧视和强行隔离呢?当然不是,因为耶基斯发现,黑人的得分比上过同样时间学校的白人要低。不错,白人的学校可能质量会好一点,耶基斯说,但这个差别"肯定不能解释两组人之间这样明显的智力差距"。

环境影响最明显的证据恐怕是来自外国的新兵了,他们在美国居住的时间越长,平均得分就越高。这不正意味着他们越熟悉美国人的方式,测验的成绩就越好吗?耶基斯承认有这种可能,可是再也没有下文了。古尔德总结说:"在军队搞的这项测验本来可以成为社会改革的一种推动力,因为它记录了使千百万人失去发展智力才能机会的不利环境因素。这些数据一而再、再而三地揭示出测验得分与环境之间的密切关联。但是,那些编写和主办测验的人却一而再、再而三地作出各种骗人而离奇的解释,以维护他们的遗传论偏见。"

耶基斯并不是一个无足轻重的科学家。他先后作为哈佛大学和耶鲁大学的心理学教授,是心理学界的一根顶梁柱。他为了证明自己的偏见而不惜歪曲科学的做法,也不是一件无碍他人的学术之举。第一次世界大战后,美国心理学家一直在想办法使自己的这门新兴学科尽可能受到社会的重视。他们竭力想借以大显身手的一件事,就是那场导致重新制定移民法的国会辩论。有人指出,军队那次智力测验为确定哪些国家可以产生理想的移民、哪些国家的人最好被拒于美国门外提供了一个科学根据。

这些心理学家到底有多大影响？在这个问题上颇有一些争论。古尔德说，国会的辩论"不断援引了军队测验的数据"。另一方面，堪萨斯州立大学的扎梅尔松认为，这些心理学家"尽管声称手头掌握了充分说明问题的科学数据，但他们对立法的影响仍然是有限的"。[5] 即使这些心理学家没有产生任何影响，也绝不是说他们不想这么做。1924年的《限制移民法案》(Immigration Act of 1924)把从南欧和东欧移民的分配额削减得所剩无几。虽然心理学家们在这件事上起不了多大作用，不能由他们对此事负责，但他们确实助长了酿成悲剧的错误的行动步骤。古尔德评论说："在整个30年代，面临着大屠杀的犹太难民一直想向外移居，但得不到接纳。又是法定的名额，又是持续不断的优生宣传，一卡就是好几年，而放宽给西欧和北欧的名额却一直用不完。……我们都知道许多想走但又走投无路的人得到了什么样的结果。通向毁灭的路常常是间接的，但人的主意肯定可以起着和枪炮炸弹相同的作用。"

有人会说，搞这种智力测验的人本来就带着外来种族、黑人和下层白人智能低劣的错误框框，他们只不过是表达了当时的国会议员和社会舆论共同持有的偏见罢了。这样说或许可以为举办测验的人开脱，但不能为他们所代表的学科开脱。关于科学代表一个可靠的知识体系的说法，完全是建立在客观性的假设基础上，建立在科学家不受或至少因其学科方法论的保护而免受其偏见影响的假设基础上的。

当科学方法不能防止偏见影响的情况超出了一个人而扩展到该学科的其他人身上时，其结局则更加糟糕。假如科学不是一种客观地观察世界的方法，它又是什么呢？难道只是一张贴在包装箱上说明箱内物品业已查明的标签吗？

一般说来，一个集体绝不应该因其一个成员的错误而受到谴责。但如果一个学科领域的人在关系到该领域重大问题的发现上总是觉察不到已经十分明显的错误,那么他们就大有问题了。扎梅尔松写到,那些搞智力测验的人最初的发现"与美国那些庸俗观点和偏见是如此吻合,以致很快就在社会上流传开来"。"为这些最初的错误付出代价的不是造成错误的人,而是被别人用'科学'的幌子打上劣等人标记的那些人。当然,对某些人来说,智力测验起了一个均衡机会和向上爬的工具的作用,……但即使按照比较开明的环境论的智力观,把针对大批人的赤裸裸的诬蔑推翻以后,智力测验在美国的作用,正如批评它的人所说的,主要还是维护现存的社会等级化(并使之合法化)。"

心理学家在识破伪装成客观真理的教条方面的无能,在令人难以置信的西里尔·伯特爵士事件上表现得尤为突出。伯特主要从事的智力研究,旨在强调智力有高度的遗传性。但他这项工作不仅结论是错误的,而且在统计上充满了明显的错误,这些错误后来成为发现他大量舞弊的线索。由于他的工作被认为汇集了最多的智商数据,所以无论是遗传论的支持者还是反对者都反复地加以引用。但在整个激烈辩论的过程中,引用伯特数据的科学家都没有发现这些数据有明显的前后矛盾。大概更令人吃惊的是,批评伯特观点的人也没有看到他的文章中的许多疑点。

伯特是英国应用心理学的先驱者之一,他是一个才华出众、很有修养的人。他身为伦敦大学学院心理学教授,是第一个凭自己的贡献荣获爵士封号的心理学家。美国心理协会于1971年授予他桑代克奖,这是首次将这一崇高荣誉授予一个外国人。他在同年去世后,讣告称他是"英国最杰出的教育心理学家",甚至是"全世界心理学家的师长"。斯坦福大学的詹森(Arthur Jensen)写道:"这个人身上的一切——他那英俊潇洒的仪表,他那充满活力的气质,他那温文尔雅的风度,他在研究、分析和批判时那永不衰减的热忱,……当然,尤其是他那极其敏锐的智慧和广博的学识——都给人留下了一个品德高尚、天生贵族的完美印象。"[6]

　　但这个以才智出众给詹森留下印象的人有一个严重的污点：他是一个骗子。他为了证明自己的理论和制服批评者，竟凭空伪造数据。他运用高超的统计手法和极有条理的表达才能，把他最不共戴天的敌人和赞颂他是心理学伟人的人都骗得晕头转向。

　　更离奇的是，伯特在智商测验领域中出名，并不是由于任何彻底的研究计划（他在这方面没做什么像样的工作），而是靠他的**善辩**。如果说真正的科学家是立志要发现真理的人的话，那么伯特根本就不是科学家，因为他早就知道了真理。他善于运用科学方法，但不是把它用作认识世界的工具。人们可以再清楚不过地看到，伯特手中的科学方法只是一种纯粹用于巧辩的工具，一种用来显示自己才学过人的争论手法。用他的传记作者赫恩肖（L. S. Hearnshaw）的话说就是："他喜欢指责他的反对者在批评时'不是靠任何新鲜的数据，也不是靠自己新的研究工作，而是靠根据一般原理坐在安乐椅上写的文章'，而'我的合作者和我'则在埋头不断进行研究。这是对环境论者的一个有力痛斥；但为了支持这一指责，就必须有他所说的'合作者'，而且这些合作者必须确实在做数据收集工作。"[7]但是，他并没有新鲜的数据，也没有合作者。孤军作战的伯特坐在安乐椅上，绞尽脑汁地从想象深处找来了数据和合作者，并如此巧妙地把它们装扮成学术争论的证据，以至于这一假象把他的科学家同行们骗了整整30年。

　　伯特的工作以不同的方式对大西洋两岸产生影响。在英国，他担任了负责改革第二次世界大战后英国教育制度的一系列高级委员会的顾问。新制度的关键是对11岁儿童所作的一次考试，考试成绩决定着这些儿童上什么水平的学校。设立这种被称为"11+"的考试的理论根据是：到了这个年龄，孩子接受教育的能力和未来的潜力可以正确地加以估计。11+考试是许多人决定的，不能由伯特承担责任，但他竭力主张的所谓智力有75%是靠遗传得来的说法,对于在英国教育界造成采用11+考试的舆论气氛肯定是有影响的。

20世纪50年代伯特从伦敦大学学院退休以后,11+考试和以此为基础的择优教育开始受到猛烈的攻击。为了维护自己的理论和反对批评者,伯特开始发表一系列的文章,他在这些文章中提出了证明遗传论观点的新证据。伯特解释说,这些新证据大部分是他在20世纪20年代和30年代作为伦敦学校体系的心理学家时收集的,并在他的合作者霍华德(Margaret Howard)小姐和康韦(J. Conway)小姐帮助下作了新的补充。在伯特给人印象深刻的那些智商数据中,最可贵的是取自一对拆离了的同卵孪生子的数据,这是世界上内容最丰富的一套数据。被拆离了的同卵孪生子遗传条件相同,而后天环境不同,因而是检验这两种条件对智力的影响的最理想实验对象。赫恩肖说,伯特关于孪生子和其他亲缘关系的数据"广泛被人引用,广泛得到承认,是遗传决定智力的最有力的证据"。

1969年,当11+考试被废除,英国择优教育制被综合教育制取代后,伯特发表了一篇声称教育水平下降的文章。这篇文章的意图显然是要影响教育政策。[8]

与此同时,伯特的孪生子新数据的权威性和新颖性引起了美国遗传论派心理学家的关注。詹森在他1969年发表于《哈佛教育评论》(*Harvard Educational Review*)上的文章中大量引用了伯特的发现。他在这篇引起激烈辩论的文章中提出,由于遗传因素决定着80%的智力,所以针对下层社会黑人和白人儿童的义务教育计划是没有用的,应该废止。[9]哈佛大学的赫恩斯坦(Richard Herrnstein)1971年9月在《大西洋》(*The Atlantic*)杂志上发表的文章中,更集中地采用了伯特的孪生子数据。他说,形成社会阶层的依据之一是智力方面的遗传差异。这位哈佛大学的心理学家在这篇具有广泛影响的文章中宣称:"对智力的测定是迄今为止心理学家最伟大的成就。"[10]伯特的孪生子研究被吹上了天。

当伯特1971年10月以88岁高龄去世时,其理论尽管已被英国的教育政策所放弃,但在美国的影响却达到了顶峰。他的杰作在他死后才崩溃,这一崩溃来得相当突然,因为这座大厦只是一项表面上的学术成就。看破这位皇帝一丝不挂的丑态的,是普林斯顿大学的心理学家卡明(Leon Kamin)。卡明第一次涉足智商问题是在1972年,当时有个学生要他看一篇伯特的论文。他说:"我读了10分钟,马上得出一个结论:伯特是个骗子。"[11]

卡明首先注意到,伯特的论文没有学术成果的基本标志,例如谁对哪个孩子做了什么样的试验、什么时候做的等准确的细节。这种特有的含混在伯特1943年发表的最早的关于智商和亲缘关系研究的总结文章中就很明显,在以后的文章中也依然如此。但在伯特的孪生子研究中,卡明发现了更为严重的问题。

伯特于1955年发表了第一篇关于被拆离了的同卵孪生子智商情况的完整报告,当时他声称找到了21对这样的孪生子。[12] 1958年发表的第二篇报告提到了"30多"对,[13]最后一篇发表于1966年的报告引述了53对,这是当时世界上最大的一套数据。[14]卡明注意到,**所有三篇研究报告中**被拆离了的孪生子的智商得分系数都是0.771。一种相关系数在两次增加调查实例以后仍保持三位小数不变,是极不可能的。但这种情况并非仅此一例。在一起生活的同卵孪生子的智商相关系数,在3项典型调查中都达到0.944。在一份列有60个相关系数的表中,就有20个这样的巧合。卡明在1974年发表的一本书中综述了他对伯特工作的研究。他的评论是尖刻的、讽刺的和正中要害的。他以将被永远载入心理测验史的话语总结道:"伯特的报告因没有过程说明而失去了学术价值。……他那些支持遗传论立场的数据因为前后过于一致,所以常常失去了可信性;在分析方面,人们可以看到,这些数据和他想证明遗传论的努力一致得简直令人难以相信。人们不能不得出这样的结论：伯特舍去的数字根本不值得我们当代科学的注意。"[15]

卡明是在把伯特的工作从科学文献中排除出去。值得赞扬的是，詹森也是如此，虽然用的语言要婉转些。1972年，当詹森从卡明的一次报告中听到他的结论后，他很快意识到，那些不变的相关系数"严重违背了机遇的法则，只能说明是错误的，至少在有的案例中是这样"；因此，伯特的数据"对检查假说没有用处"，詹森在1974年的一篇文章中这样写到。[16]尽管这样，问题出在哪里，仍然没有得到解答。伯特论文中的错误仅仅是由于疏忽呢，还是有更严重的原因？

虽然卡明从一开始就怀疑是舞弊，但他在自己的书里并没有明确指责伯特舞弊。第一次在书面上指控伯特舞弊的是1976年10月24日伦敦《星期日泰晤士报》(*Sunday Times*)上的一篇文章，作者是该报的医学通讯员吉利(Oliver Gillie)。[17]吉利提出这种指控，一方面是根据卡明的发现，另一方面是因为他找不到任何东西可以证明帮助伯特收集孪生子数据的合作者霍华德和康韦小姐的存在。

尽管两年前卡明和詹森发表他们的看法时没有遇到异议，但到有人正式提出舞弊的指控时，在大西洋两岸的心理学家中引起了一场愤怒的轩然大波。赫恩斯坦说，这一提法"无耻到简直不能容忍"。"伯特是20世纪心理学的一个伟人。我认为把这种怀疑加在一个人的事业上是一种犯罪。"[18]伦敦精神病学会的著名智商专家艾森克(Hans Eysenck)在给伯特的妹妹的信中写到，这件事"完全是某些决心同科学事实玩弄政治手腕的极端左翼环境论者蓄意策划的行动"。"我坚信，未来必将维护西里尔爵士的声誉和品德。"[19]

实际上，弄清问题究竟出在哪里的任务是由利物浦大学心理学教授赫恩肖完成的。赫恩肖是很赞赏伯特的，曾在伯特的葬礼上致悼词，正因为如此，伯特的妹妹委托他给伯特写传记。当赫恩肖深入研究时，他越来越惊奇地发现,伯特在几篇关键的论文中确实编造了数据。"当我翻阅伯特的书信时,我被他那些自相矛盾和显而易见的谎言惊呆了,这些谎言不是可以原谅的,而是明显的掩盖。"赫恩肖说。[20] 伯特的详细的日记证明,他没有作过他自称作过的研究。"因此,结论只能是,伯特在那三篇报告中搞的无疑都是欺骗。"他的正式传记作者说。

赫恩肖关于伯特的研究发表于1979年,这是一幅带有同情味并作了巧妙描绘的画像。[21] 它展示了一个极有天赋但性格带有毛病的人,这种性格上的毛病表现在他对批评者、论敌甚至自己原来学生的嫉妒上。伯特内向、孤僻、野心勃勃,他的性格有一种两重性,使他的才干被用来达到低下的目的。赫恩肖相信,他的孪生子数据至少有一部分是假的,因为他在1950年退休以后,根本不可能像他在1958年和1966年文章中声称的那样再扩充他的孪生子数据。伯特可能曾一度与康韦和霍华德这两个踪影不明的小姐共事,但不在这一时期:在这段时间,他根本没有合作者,也未作任何研究。根据同样的理由,他1969年发表的那篇据称记录了1914年至1965年期间教育水平下降的文章肯定也是臆造的,至少有一部分是这样。在赫恩肖看来,已证明是伪造的第三个例子是伯特自称发明的因子分析技术。尽管卡明怀疑伯特从1909年第一篇研究论文开始以来所做的一切都是假的,但赫恩肖相信,人们有理由怀疑的最早的文章应在1943年以后。他总结说:"1943年以后伯特的研究报告必须加以怀疑。"

"使伯特成为一个有影响的应用心理学家的天赋,"赫恩肖写道,"……妨碍了他的科学工作。无论从性格上还是从他所受的教育来看,他都不是一个科学家。他过于自信,太性急,总想一下子获得最终结果,又总是喜欢作修改和掩饰,因此,他不能成为一个好科学家。他的工作常常貌似科学,但实质上并不总是科学。"一个仅仅貌似科学家的人何以能够爬上他那专业的高峰,爬到英国心理学的宝座上的呢?如果科学是一个自我管制、自我纠正的学者社会,总能以严格公正的怀疑态度检查彼此的工作,伯特何以能够走得这么远,又这么长时间不被察觉呢?

就算伯特的舞弊是从1943年开始的,到1974年卡明的书发表为止,他未被察觉的时间也达31年之久。对心理学这一学科来说,问题不在于这一舞弊本身未被注意,而在于那么明显的程序和统计上的错误——不管是什么原因造成的——竟没有早一点被人看出。在伯特担任《英国统计心理学杂志》(British Journal of Statistical Psychology)编辑的16年里,无数署着假名字(如康韦)的文章得以发表,以明显的伯特文风连篇累牍地吹捧伯特,批评他的反对者。至少在1969年以后,他的数据在一个严格程度并不亚于其他学科的问题上成为争议的中心。为什么杂志编辑和评审人不要求他按科学的方式报告他的结果呢? 为什么读了他的文章的学者们看不出问题呢?

伯特的数据看来没有使美国心理学家提出过索取进一步材料的要求。但至少有一个人这样做了,那就是明尼苏达大学的斯卡尔-萨拉帕特克(Sandra Scarr-Salapatek),因为她认为那些数据"看上去很滑稽"。[22]为了给环境论者以决定性的打击,伯特在1966年最后那篇关于孪生子的文章中报告说,他所研究的被拆离了的孪生子是在社会背景完全不同的家庭里长大的。这实在令人惊奇,因为过继的儿童通常处在和他们自己家庭背景相似的家庭里。当时对这些数据表示怀疑的一位心理学家,是加拿大艾伯塔省卡尔加里大学的弗农(Philip Vernon)。他说:"我想不通,也不相信。我不知道他是怎么搞的。"当被问及为什么没有人公开对那些结果提出异议时,弗农说:"当时肯定是有严重疑问的,不过没有人敢于发表,因为伯特的势力太大。"[23]伯特的势力并非来自权位,而似乎是来自他那可怕的、随时可以用来讨伐敢于批评他的那些人的散文体。

在卡明以前,即使与伯特或他的工作比较接近的人有所怀疑,他们也不敢以书面方式触及问题的要害。爱丁堡大学的心理学家赫德森(Liam Hudson)评论说:"严酷的事实是,学究式的查对文献、刨根究底的做法实在是太罕见了。我们大家都以为,在有人像卡明那样回过头来对这些大人物进行调查之前,这些大人物已在一个充满争论的重要领域的文献中闯过了十好几年。许多文章用一个从未有人听闻过的康韦的名字发表,我觉得对我们这一行的打击太大了。一个学者的社会不应有这样的事发生。"24

卡明的解释是,伯特的数据之所以没有遇到挑战,是因为这些数据印证了大家都愿意相信的东西:"每个教授都知道自己的孩子比挖沟人的孩子要聪明,所以还有什么可争论的?"这个理由可能不无道理,但也并不尽然,因为伯特的批评者们也没有发现问题。

对伯特事件以及本章谈及的其他事件,最可能说得通的答案是:许多领域的科学家群体不是按他们应采取的方式行事。科学不能自我管制。学者们并不总是认真阅读文献的。科学不是一个非常客观的过程。教条和偏见经过一定的打扮,如同在任何其他人类活动中的情况一样,也渗透在科学中,而这种渗透由于不为人们所意识到,所以更加容易。伯特仅仅貌似一个科学家,就能够爬到学术阶梯的顶端,在科学和其他方面都占据颇有权势和影响的位置。他把科学方法当成一个推行自己教条主张的纯宣传工具。对于这样的武器,使他得以藏身的科学界是毫无防御能力的。在对付巧辩和表面现象方面,科学方法和科学精神气质证明是无能为力的。在伪装成科学的教条面前,客观性打了败仗。

◇ 第十二章

舞弊和科研结构

传统的科学意识形态不能令人满意地解释舞弊现象。它只能否认舞弊是一个带有普遍性或值得注意的大问题。实际上，舞弊是一种在科学史上屡见不鲜、至今也不少见的值得注意的现象。必须清除的不是舞弊，而是这种传统的意识形态。

通过对舞弊的分析，我们可以比较清楚地看到科研在实际中是如何运作的。它不仅揭示了研究人员个人的动机，也揭示了科学界证实和接受新知识的机理。

科学研究从一开始就是人们为两个目标而奋斗的舞台：一是认识世界，二是争取别人对自己工作的承认。这种目的的两重性存在于科学事业的根基中。只有承认这两重目标，才能正确地了解科学家的动机、科学界的行为和科研本身的过程。

在多数情况下，科学家的这两个目标是一致的，但有时它们又是互相抵触的。当实验结果不完全符合自己的想法时，当一种理论未能得到普遍接受时，一个科学家会面临各种不同的引诱，从用种种方法对数据加以修饰到明目张胆的舞弊。有的人舞弊，是为了说服固执的同行接受自己认为正确的理论。牛顿在数据上做手脚是为了制服批评其万有引力理论的人。孟德尔关于豌豆比例的统计，不管出于何种原因，由于过于完美而无法令人相信。密立根在使用数据时肆意加以取舍，是为了说明电子的电荷。

如果说历史对这样一些科学家还算宽容的话,那是因为他们的理论是正确的。但对道德学家来说,在为真理撒谎撒对了的牛顿和为真理撒谎但撒错了的伯特之间,并没有任何截然不同的区别。牛顿和伯特都是为他们各自以为是真理的东西而撒谎。他们求助于作假,另一个原因大概还在于想为自己表白,出于要同行承认自己的理论是正确的虚荣心。

毫无疑问,多数科学家不允许因个人名誉的欲望去破坏自己对真理的追求。但是,连托勒密、伽利略、牛顿和密立根都无法抗拒的这种引诱,到了19世纪和20世纪,随着科学研究的职业化自然就变得越来越大了。阿尔萨布蒂的突出例子告诉我们,沽名钓誉会多么彻底地毁掉对真理的真诚追求。阿尔萨布蒂的所作所为当然并不典型。但它以极端的方式描绘了现代科学生活中通常不可避免的抱负和野心。更重要的是,阿尔萨布蒂的成功说明了科学的社会机制在遏制过度的抱负和野心方面是多么无能为力。

科学的不少方面并不是这样的,多数科学家从事研究是出于爱好,而不是为了顺着某种职业的梯子爬上科学明星的宝座。世界上并没有一种单一的科学社会组织,存在的是一系列互有差异的结构,包括由相互平等的同行组成的理想社会和按等级制度组成的研究作坊。舞弊是否盛行也许是这些不同结构功能好坏的一个指标。尽管现在还不能断言,但从现象上可以看到这样一个特点:舞弊最多的要么是阿尔萨布蒂和伯特这样的单帮,要么是研究作坊的成员。

如果说科学的社会机制还有什么作用的话,那就是纵容野心。在等级森严的研究作坊里,实验室的首长常常自动占有下属同行的一部分研究成果,而不管他自己的工作是多么微不足道,因而这种结构允许一个科学家贪他人之功为己有。那些劳动被人剥削的人也顺从这种行为,因为他们把它视为整个体制中不可改变的一部分,他们还希望有朝一日自己也能从中受益。

实验室首长制不仅纵容野心,同时也助长了玩世不恭的态度,因为它的结构和组织决定了它要迫使科学家追求真理和追求名誉这两大目标相互脱节。这一制度因过分强调实验结果和发表文章,强调争取下一笔研究经费,而形成了种种有利于沽名钓誉却不利于老老实实追求真理的压力。

一般地说,科学研究是艰苦而困难的工作。为了每一秒钟的成功,研究人员必须在实验台上付出数小时的艰辛劳动,以便掌握一项新技术,扫除故障,从错综复杂的自然现象中找出明确的答案。要坚持研究,就需要强大的动力,而荣誉常常是这种动力的源泉,弄不到研究经费则是一种惩罚。但如果年轻的研究人员看到他们的师长更热衷于追求名誉而不是认真地探索自然,这种动力就很容易转变为玩世不恭的态度。

社会学家们非常强调科学研究的群体,把它描绘成献身于一个共同目标即追求真理的同行的组合。但这并不全面。科学研究同时又是一场竞赛,常常是许多人争夺第一名的激烈竞争,因为如果拿不到第一,任何发现也只是一个苦果。在竞争的压力下,有些研究人员经不起引诱而修饰实验结果、改进数据、编造成果,甚至明目张胆地舞弊。

在某种意义上可以说,科学是一个群体组织,但在另一种同样重要的意义上,它又是一个名流体系(celebrity system)。科学的社会组织旨在鼓励形成一个精英集团,在这个集团中,声望不仅来自工作的水平,而且来自在科学等级制度中所处的地位。科学精英集团的成员们控制着科学的奖励制度,他们通过同行评议制,在科学资源的分配上拥有主要的发言权。

和实验室首长的论文工厂一样,名流体系有利于追求个人名誉,而不利于追求真理。它还干涉共同评价研究结果的正常机制,因为它不适当地突出精英们的工作,并使之免受检查。科学界精英集团的成员们不能直接对频繁发生在科学精英机构的舞弊事件负责,但他们是一个助长野心和制造舞弊诱惑力和舞弊机会的社会组织的产物和受益者。萨默林、索曼和达尔西都是发表了大量论文的实验室的成员,而这些论文之所以能够发表,原因之一是仰仗了实验室首长的大名。约翰·朗利用所在机构的声望和他在学术上的隶属关系,凭空就成了一个显赫人物。

舞弊不仅使人看清了科学的社会学结构,而且使人看清了科学的方法论。舞弊和自我欺骗所产生的错误,是向科学的自我纠正机制特别是向检验科研成果的机制提出的一种挑战。正如本书谈到的许多舞弊案例表明的那样,重复实验常常是作为最后的手段而且通常是为了证实其他原因所引起的怀疑时才使用的。完完全全的重复不是科研过程的正规组成部分。原因很简单:重复别人的实验带不来任何荣誉。

重复实验不是推动科学进步的发动机。仔细观察便可以看到,科学的统一立论方法等于是把有用的配方混用到一般的烹饪方法中去。从某些方面说,科学是一项非常讲究实效的事业。理论固然会引起人们注意,但科学家要靠自己的本领才能使实验成功。如果一项新的实验或技术是成功的,就会被其他科学家拿去用于他们自己的目的。科学事业就是通过不断完善已有的配方而向前发展的。人们很少通过演示来证明一个很糟的配方是出于骗子而不是厨师之手。更多的情况是,这些坏配方被抛在一边,和许许多多不值得记忆、无关紧要或多少带有错误的研究一起被人们遗忘。

科学是讲究实效的,但科学家和其他人一样,也会受到各种游说艺术的影响,其中包括奉承、巧辩和宣传。野心家会充分运用这些武器去使别人接受自己的想法。在说明科学方法可以如何被用作一个纯巧辩的武器方面,伯特确是无与伦比的。伯特只是自称比对手更科学,凭借他擅长统计方法和高超的表现手法,就把英国和美国的教育心理学家蒙骗了30年之久。

　　要使巧辩在科学中具有说服力,就必然要抛弃客观性。对舞弊案例的研究表明,所谓客观性常常被人们丢掉。提到客观性,也许人们都把它当作科学的一种值得回顾的美德。在科学教科书中,客观事实的积累似乎与发现这些事实的人毫无关系。把科学与人截然分开的态度不管受到哲学家和社会学家怎样的吹捧,在近代科学的竞争和成果至上的气氛中,它都是很难保持的。同时,客观性作为实践着的科学家必不可少的条件一说,也是无法证明的。多数科学家狂热地相信自己的工作、自己的技术和自己想要证明的理论。如果没有这样一种感情上的寄托,他们的努力就很难持久。当他们所用的技术被证明可能产生两种结果时,或当他们的理论被证明站不住脚时,研究人员会振奋精神再试一次。许多科学家急切地想知道真理,只是学术论文的八股形式迫使他们装得很超脱,好像他们一穿上白大褂,就变成了逻辑机器人似的。客观性是哲学家的一个抽象,是对科研人员本来面目的歪曲。

　　如果不是通过重复实验和客观分析,科学知识又是怎样确立的呢?经济学家亚当·斯密(Adam Smith)在他的经典著作中解释了私欲是怎样导致公益的。即使市场上每一个人都在为牟取最大私利而奋斗,由于有一个有效的市场使供求双方在最低价格上取得了平衡,所以公共利益还是得到了满足。在科研领域里,每个科学家都企图使自己的思想或配方得到承认,从整体上说,那些能较好地解决自然中的问题的配方最终一般是要占上风的,因而有用的知识便得以逐步积累增加。科学家们越是奋力追求个人目标,真理就会越有效地从相互竞争的学术主张中应运而生。

　　在经济学领域中,亚当·斯密认为,私欲产生公益的神奇机制是所谓"无形之手"（Invisible Hand）。我们也许可以把在科学中起作用的类似机制称为"无形之靴"（Invisible Boot）。这只无形之靴踢掉了科学中所有不正确的、无用的或多余的数据。它无情地践踏了几乎所有科学家的工作，无论是真是假，诚实的还是不诚实的，信念的信奉者还是真理的叛逆（betrayers of the truth）*，统统被它踩平并被人遗忘。随着时光的流逝，它踏灭了科学过程中对原创发现起了决定作用的非理性因素以及所有的人情和偏见，留下的只是干巴巴的知识残渣，这种残渣与创造它的人已差之千里，这终于使它获得了客观的本质。

哲学家们把逻辑演绎、客观验证结果和确立理论说成是科学方法的支柱，但对舞弊所作的分析则向我们提供了另一幅图景。它说明科学是实用的和经验的，是一种试错过程。在这个过程中，某个特定领域的竞争者们尝试了许多不同的方法，但总是很快地转而采取效果最好的配方。科学是一个社会过程，每个研究人员同时都在试图推动并取得别人对自己配方（即自己对该领域的解释）的承认。他要采用一切可能有效的宣传技能，包括寻求学术权威的支持，强调自己方法的彻底性，解释自己的配方如何符合和支持现行的理论，以及其他为人们接受的论述方式。

如果说把科学仅仅描绘成药方和巧辩、由无形之靴渐渐把无用和错误的研究踢掉的做法固然太片面了一点，那么，把科学描绘成一种由客观验证引导和完全出于对真理的追求所进行的纯逻辑过程，也同样是片面的。科学是一个复杂的过程，在这个过程中，研究人员只要眼光狭窄一点，就几乎可以看到他们所想看到的任何东西。但是，要对科学作一个全面的叙述，要认识这个过程的本来面目，就必须避免受到力求理想结果和抽象的引诱。

---

* 即本书书名之原意。——译者

当然,头号的抽象就是哲学家们竭力想找到的科学方法。也许根本就不存在一种包罗万象的科学方法。科学家都是人,他们都有不同的风格和不同的探求真理的方式。科学论文的格式千篇一律,好像是从一种永恒不变的科学方法中产生的一样,实际上是当前科学报告的八股强行造成的一种虚假的一致。如果允许科学家在叙述自己的实验和理论时自然地表达自己,那么,关于单一的、万能的科学方法的鬼话可能就会一扫而光。

要全面认识科学的本质,就必须把科学哲学家、科学社会学家和科学史学家那些出于各自专业的抽象看作一个复合体的不同侧面,而不是传统意识形态所认为的全貌。科学首先而且主要是一个社会过程(social process):如果一个研究人员发现了宇宙的奥秘而不告诉他人,他对科学的贡献就等于零。其次,科学是一个历史过程(historical process):它随着时间推移而向前发展,它是文明和历史的一个不可分割的部分,如果离开它的历史背景,就不可能很好地加以解释。再次,科学是人类对理性思维的爱好能够最充分得到表达的一种文化形式(cultural form)。

正是科学的这第三个方面可能受到了最严重的曲解。在科学中存在一种强大的理性因素,这一点常被误认为理性因素是科学思维的唯一重要因素。实际上,创造力、想象力、直觉、固执等许多非理性因素,在科学的过程中也是重要的组成部分,而野心、嫉妒和欺骗的嗜好这些支流的东西也起着一定的作用。科研中舞弊的存在,就是非理性因素在起作用的明证,一方面是个人伪造数据,另一方面则是科学界不加批判地接受这些数据。

科学中存在理性还被曲解为科学是社会上唯一的、至少是最高的和最有权威的理性智力活动。有些科学家在公开场合下似乎在扮演这样的角色,好像他们是要拯救非理智公众的理智大主教一样。把科学当成和人类其他智力活动不同的一种活动,大概是一种误解。至少,举证的责任应该落在那些声称作出专门科学发现的人身上,任何完全按哲学家关于科学的说法提出来的发现都是片面的,不能接受的。

科学家们还被那些想把他们变成社会理性唯一卫士的人放在一个虚假的位置上。企图把社会或物质进步或理性战胜黑暗愚昧的全部功劳都记在科学身上的历史学家们,也使科学更容易因近代社会的种种弊病而受责难。在近代社会中,科学取代宗教成为真理和价值观念的根本来源,恐怕已到了有害的地步。

因意识到这种作用而产生的顽固态度,也许从科学机构对舞弊的典型反应中可以看得更为清楚。这类机构的发言人一般不愿承认在科学中某一背景水平上的舞弊应看得和任何其他职业中的舞弊同样普遍。他们也不愿承认科学的实践和机构应该对舞弊行为承担责任。只有摒弃传统的科学意识形态,他们才可能承认舞弊的本来面目,即舞弊是科学事业中虽小但绝非无关紧要的病症。

否认舞弊是一个严重问题,会使科学职业陷入一种难堪的地位,当舞弊的影响超出了纯学术界而发展到了公共政策领域时尤其如此。在这种情况下,舞弊可能具有直接的实际影响。药品和食品检验就是一个例子。为了控制生物检验领域中广泛发生的舞弊事件,政府机构(而不是科学机构)已经采取了主动行为。

舞弊的另一个重大影响是在人的智能测量这一不幸的领域。舞弊和自我欺骗在影响公众关于阶级和种族问题态度的研究中,以及在移民和教育等问题的决策中,都起了作用。科学家在这方面的自欺欺人反映了一条更具普遍性的原则:当科学家参与解决社会问题时,第一个被牺牲的常常就是客观性。

除了某些舞弊造成的实际危害之外,在实验室里出现的各种新花招也对科学的声誉造成了伤害。如果科学家们不认真设法解决这个问题,人们就会要求国会采取某种行动,也许会成立类似美国食品药品监督管理局的检验系统这样的一支实验室警察队伍。

国会很可能极不情愿采取这样的措施,因为它深信科学研究和大学应该是独立于政府的。但是在政府各部门都在采取行动反对浪费和舞弊的这个时刻,国会不可能让科学成为一个舞弊可以任意发展的庇护所。

即使不考虑政治,杜绝舞弊的根源对科学也是有利无弊的。总的说来,现在还没有一种既能绝对防止舞弊发生,又能保证整个科学机器正常运转的办法。但是查出舞弊远不如预防它更重要。最主要的是要采取措施消灭舞弊的诱因。

总的说来,科学的社会组织中那些纵容野心的特点也造成了对舞弊的鼓励。职业野心的泛滥在年轻的研究人员中传播了玩世不恭的态度,他们有时以向长辈学坏的方式来对压力作出反应。在这种条件下,玩弄数据和捏造实验结果这类事情的发生是很自然的。科学家应该对精英制度特别是对精英单位中那些似乎一鸣惊人的年轻超级明星持更多的怀疑态度。一门放之四海而皆准的科学在内部的检验上,也应该做到一视同仁。

要改变这一状况,有一个简单而有效的办法,那就是让科学界在荣誉分配问题特别是在学术论文中占有极其重要位置的作者栏的写法上,制定一套正式的规定。这里必须明确两条原则:第一,所有署名为作者的人都应该对论文所报告的工作作出过主要的贡献,任何细小的贡献都应该在正文中予以明确的致谢;第二,一篇论文的所有作者不但有荣誉要分享,有责任也要同担。

如果这样的办法能够得到普遍采纳,实验室首长只凭一点皮毛工作就在文章上署名的恶劣做法就会早日杜绝。实验室首长在顺利时把一切功劳归于自己、一旦出了问题又把责任一推而光的可笑现象也会扫除。如果一个实验室的头头对一篇论文中是否有假数据都不知道，他就不应该在这篇论文上署名；署了名，就应该负完全的责任。对多数即使不是科学家的人来说，这个道理大概也是不言而喻的。

一个急需改革的特殊领域是医学研究。为进入医学院而苦苦奋斗的学生们承受着种种压力，这些压力造成了一场常常包含着欺骗的竞争。哈佛医学院原院长埃伯特说："欺骗的事在医学院预科生中很常见，这种争高分以保证进入医学院的竞争，很难说是为了鼓励道德和人道主义的行为。"当那些对欺骗已经习以为常的人领受了医学界激烈的竞争压力和伴随作研究而来的威望时，他们不会再感到修饰数据甚至编造实验是什么羞耻的事情。在医学研究中搞舞弊的"坏苹果"们是这个制度的特有产物。解决这个问题的办法之一是使医学研究和医学教育进一步分开。

影响整个科研的问题之一是学术论文泛滥成灾。现在的论文发表得实在是太多了。许多论文根本就毫无价值。而且，无用的论文阻碍了学术交流，高水平的研究得不到应有的重视，而低劣的研究却能免于检查。阿尔萨布蒂一类剽窃者之所以能够得手，就是因为科学文献中大量没人看和看不到的文章形成的浩瀚文海，给了他们藏身之地。

现行制度鼓励研究人员从一项研究中炮制出尽可能多的论文来，以便丰富他们的著作目录。这一恶习使文献评审工作几乎无法进行。把研究成果化整为零发表的科学家应该受到批评，而不是得到鼓励。

论文出版中的问题，根子在于现行制度压抑了市场调节规律。发表无人要看的文章的学术刊物受到纳税人双重的财务补贴。出版商们向作者收取昂贵的版面费，以抵销印刷成本。购买这些刊物的科学图书馆也拿补贴。不管是版面费还是图书馆的经费，都来自研究人员拿到的政府拨款。这些补贴造成了不管论文多么低劣，几乎都能轻易获得发表的现象。

企图使审查过程严格化的努力收效甚微，因为论文被一家刊物拒绝后，迟早会被另一家刊物发表。应该大量削减现有的刊物，特别是医学和生物学刊物，以此造成更大的竞争。许多这类刊物的作用无异于出版商所说的自费出版，由纳税人通过给予研究人员的研究费来支持这种自费出版。收版面费的做法应大幅度减少。市场的供求规律应尽可能地引入到学术出版领域中来。

正如出版的重点应由数量转到质量上一样，晋升和重新拨给研究经费也不能只靠一长串貌似重要的出版物来决定。行政人员应该制定一套完善的办法来阅读和评价研究记录，例如被引情况分析，一个科学家的影响可以按他的作品被其他研究人员援引的次数来衡量。这种办法比履历表上一长串著作目录更能够说明一个科学家的真实水平。

减少学术论文必然要涉及一项更大胆的"外科技术"，即减少科学家的人数。有证据表明，绝大部分对科学进展起了作用的研究工作都是由少数科学家做的。这批人数不多的精英所依靠的主要是精英集团内其他成员的工作，而不是更多的一大批人。即使没有这一大批人，科学进展的步伐也不会明显地放慢。如果依靠一批少而精的研究人员，它的步伐甚至可能加快。也许科学家太多了。也许正如经济学家弗里德曼（Milton Friedman）提议的那样，基础科学研究由私人而不是政府来资助可能会更妥当一些。

哲学家斯宾格勒（Oswald Spengler）在《西方的没落》（*The Decline of the West*）一书中把学者的舞弊视为一个腐败的文明的症状之一。斯宾格勒的理论不一定是针对科学界长期存在的哪怕很小的舞弊提出的。关于进步的观念是西方社会一个长期存在的价值观念，而科学研究则是实现那一目标的一个重要手段。科学家的职业使他们代表社会承担了确定真理的任务，当他们为个人私利而背叛真理时，原则可能受到严重腐蚀的种种迹象就不应该被忽视。

对公众来说,较好地了解科学的本质,会使他们减少对科学家的敬畏而增加一些怀疑。采取一种现实的态度对双方都是有利的。但要正确地认识科学,必须从科学家自身做起,这里应该包含这样一种概念,即科学和其他形式的智力创造不是截然分开的。舞弊现象突出了科学的合乎人性的那个方面。它表明科学知识的逻辑结构不能成为把科学放在与其他智力活动不同等地位的正当理由。科学并没有脱离艺术或诗歌的源泉,它也不是理性的唯一文化表达方式。

科学不是知识的抽象,而是人类对自然的了解。它不是真理的忠实仆人对自然所作的理想化的探索,而是既受赋予科学家的所有美德又受野心、骄傲、贪婪这些一般的人类感情所制约的人类活动。从贪婪到舞弊,中间并没有很宽的鸿沟,这对科学和其他各行各业来说都是一样的。通常的作假,只不过是修饰或美化一下数据;但有时,则等于彻头彻尾的舞弊。

培根说过:"真理不是权威的女儿,而是时间的女儿。"真理一而再、再而三地被科学家们背叛,不管他们是无意的,是别有用心的,还是因为他们自认是为了真理而搞欺骗。科学的权威人士竭力想把舞弊说成只是科学面容上正在消除的一个污点。但是,只有承认舞弊是一种职业通病,科学的真正本质和它的仆人们才能完全被人们所了解。

附录　学术舞弊的已知或嫌疑案例

　　奇怪的是,在科学中,蓄意的、自觉的舞弊竟然极为罕见。……唯一而且众所周知的一例是'辟尔唐人'案。

——齐曼,

《自然》杂志,1970年第227期第996页

　　确实,一些陈年旧事正在被人们翻出来炒作,似乎是要揭示出一种模式,说明科研过程中的作假是习惯性的。……你可以把这些事描绘成似乎如出一辙,都是科学档案中不断扩大的污点的一部分。如果你愿意(就像我一样),也可以把它们视为反常现象,是一些脑子有毛病的科研人员的所作所为,或者,如同在牛顿和孟德尔的案例中那样,是对哪怕是顶级科学家也难免的失误的严重夸大。

——托马斯,

《发现》杂志,1981年6月号

　　以下是从古希腊到1982年已知的或有严重嫌疑的学术舞弊的一份清单。这份清单中只罗列了我们已经注意到的一些案例,并未经过精心的搜索。我们对每个案例都有一个概括性的叙述,并加注了参阅读物,以使读者可以进一步查阅有关信息。

　　如果读者了解哪些案例在我们的清单中没有列入,我们欢迎通过以下地址向我们提供:c/o Simon & Schuster, 1230 Avenue of the Americas, New York, N.Y. 10020。

案例：喜帕恰斯（希腊天文学家）

时间：公元前2世纪

• 把巴比伦时期的星表当作自己观察的结果加以发表。

参阅读物：G. J. Toomer, "Ptolemy," *Dictionary of Scientific Biography* （Charles Scribner's Sons, New York, 1975）, p. 191.

案例：托勒密（埃及天文学家，其关于太阳系结构的学说占统治地位长达1500年之久）

时间：公元2世纪

• 无中生有地声称进行过天文学测量。

参阅读物：Robert R. Newton, *The Crime of Claudius Ptolemy* （Johns Hopkins University Press, Baltimore, 1977）.

案例：伽利略（物理学家，科学方法的奠基人）

时间：17世纪初

• 夸大实验结果。

参阅读物：Alexandre Koyré, *Metaphysics and Measurement: Essays in Scientific Revolution?* （Harvard University Press, Cambridge,1968）.

案例：牛顿（第一位现代物理学家）

时间：1687—1713年

• 在其《原理》一书中采用伪造的因子以增强其所谓的预见能力。

参阅读物：Richard S. Westfall, "Newton and the Fudge Factor," *Science*, 179, 751–758, 1973.

案例：贝林格（德国化石爱好者和收藏家）

时间：1726年

• 受其对手愚弄，在其出版的书中所描述的化石实际上是假的。

参阅读物：Melvin E. Jahn and Daniel J. Woolf, *The Lying Stones of Dr. Johann Bartholomew Adam Beringer*（University of California Press, Berkeley, 1963）.

案例：约翰·伯努利（Johann Bernoulli，数学家，改进了微积分学）

时间：1738年

• 剽窃了其子*提出的"伯努利方程"，为了表明自己的成果早于其子而篡改了自己书的出版时间。

参阅读物：C. Truesdell, 见 Euler 著 *Opera Omnia* 一书导言，Ser. II, Vol. II, p. xxxv。

案例：道尔顿（现代原子理论之父）

时间：1804—1805年

• 报道了现在不能重复、也许根本就未曾做过的实验。

参阅读物：Leonard K. Nash, "The Origin of Dalton's Chemical Atomic Theory," *Isis*, 47, 101–116, 1956.

案例：奥吉尔（Orgueil，落在法国的陨石雨）

时间：1864年

• 一个不知名的恶作剧者在一块陨石上做手脚，使之好像带有生命残余物，以便证明太空中有生命存在。

参阅读物：Edward Anders et al., "Contaminated Meteorite," *Science*,

---

* 即丹尼尔·伯努利（Daniel Bernoulli）。——译者

146, 1157–1161, 1964.

案例：孟德尔（遗传学之父）

时间：1865年

· 发表的统计结果因过于漂亮而失去真实性。

参阅读物：Curt Stern and Eva R. Sherwood, *The Origin of Genetics: A Mendel Source Book* (W. H. Freeman and Co., San Francisco, 1966)上的几篇文章。

案例：皮尔里上将（Admiral Peary，美国探险家）

时间：1909年

· 声称曾到达北极极点，实际上他知道自己当时离北极极点还有数百英里远。

参阅读物：Dennis Rawlins, *Peary at the North Pole: Fact or Fiction?* (Robert B. Luce, Washington-New York, 1973).

案例：密立根（美国物理学家，诺贝尔奖获得者）

时间：1910—1913年

· 在发表论文时隐瞒不理想的实验结果，而在公开场合却声称报告了所有数据。

参阅读物：Gerald Holton, "Subelectrons, Presuppositions, and the Millikan-Ehrenhaft Dispute," *Historical Studies in the Physical Sciences*, 9, 166–224, 1978.

案例：辟尔唐

时间：1912年

• 骗子在砂石矿坑里埋下假化石，也许想证明英国是人类的诞生地。

参阅读物： J. S. Weiner, *The Piltdown Forgery*（Oxford University Press, London, 1955）.

案例： 范马农（美国威尔逊山天文台天文学家）

时间： 1916年

• 对重大天文观察的可靠性作了错误的报告。

参阅读物： Norriss S. Hetherington, *Beyond the Edge of Objectivity*, unpublished book MS.*

案例： 卡默勒（维也纳生物学家）

时间： 1926年

• 卡默勒或他的助手伪造了蟾蜍交配实验的结果。

参阅读物： Arthur Koestler, *The Case of the Midwife Toad*（Hutchinson, London, 1971）.

案例： 伯特（英国心理学家）

时间： 1943（?）—1966年

• 伪造数据以支持人类智力有75%是先天遗传的。

参阅读物： L. S. Hearnshaw, *Cyril Burt, Psychologist*, Hodder and Stoughton, London, 1979, 370 pp.

案例： 麦克罗克林（1964至1969年任西南得克萨斯州立学院院长）

---

*该书已于1988年出版，名为 *Science and Objectivity: Episodes in the History of Astronomy*（Iowa State University Press, 1988）。——译者

时间：1954年

• 在博士论文中剽窃前人论文的部分内容。

参阅读物：_Texas Observer_, March 7, 1969, pp. 6-8.

案例：特拉克辛（化名）

时间：1960—1961年

• 一个年轻研究人员在耶鲁大学期间造假，以后在被洛克菲勒研究所李普曼聘用时又与李普曼联名发表伪造的科研工作，最终被查获。

参阅读物：William J. Broad, "Fraud and the Structure of Science," _Science_, 212, 137-141, 1981.

案例：印度兽医研究所的潘德（P. G. Pande）、舒克拉（R. R. Shukla）和赛迦里亚（P. C. Sekariah）

时间：1961年

• 声称在鸡蛋中发现寄生虫，但在论文中所用的显微照片是从他人发表的文献中偷来的。

参阅读物：The editorial board of Science, "An Unfortunate Event," _Science_, 134, 945-946, 1961.

案例：弗雷利（"Fraley"，化名）

时间：1964年

• 在威斯康星大学格林（David E. Green）的实验室工作的一名客座教授在数个重要的实验中做手脚，最终导致格林在一个全国性会议上宣布撤回发表的文章。

参阅读物：Joseph Hixson, _The Patchwork Mouse_（Doubleday, New York, 1976）, pp. 146-148。希克森谈到了弗雷利之类的舞弊案。

案例： 古利斯（伯明翰大学生物化学家）

时间： 1971—1976年

· 在一系列"脑所用信使化学物质"的实验中舞弊。

参阅读物： Mike Muller, "Why Scientists Don't Cheat," *New Scientist*, June 2, 1977, pp. 522–523.

案例： 利维（灵学家，"灵学之父"莱因的得意门生）

时间： 1974年

· 伪造关于大鼠用心灵感应驱动仪器设备的实验结果。

参阅读物： J. B. Rhine, "A New Case of Experimenter Unreliability," *Journal of Parapsychology*, 38, 215–255, 1974.

案例： 萨默林（免疫学家）

时间： 1974年

· 为了证明受到质疑的研究成果，萨默林伪造了在老鼠身上进行皮肤移植的实验结果。

参阅读物： Joseph Hixson, *The Patchwork Mouse*（Doubleday, New York: 1976）.

案例： 罗森菲尔德（Stephen S. Rosenfeld，哈佛大学本科生）

时间： 1974年

· 伪造推荐信，而且被指控在一系列生物化学实验中作假。

参阅读物： Robert Reinhold, "When Methods Are Not So Scientific," *The New York Times*, December 29, 1974, p. E7.

案例： 卢卡斯（Zoltan Lucas，斯坦福大学外科医生）

时间:1975年

• 承认曾无中生有地编造自己论文被引用的情况。其中有些舞弊是为了骗取国立卫生研究院的研究经费。

参阅读物:1981年8月斯坦福大学新闻处发表的一系列新闻稿。

案例:克鲁克第三(Wilson Crook Ⅲ,密歇根大学地质专业研究生)

时间:1977年

• 学校董事会于1980年吊销了克鲁克的硕士学位,指出他声称发现的一种名为"texasite"的天然矿物属于欺诈,实际上是人工合成的。克鲁克否认了董事会的指控。

参阅读物: Max Gates, "Regents Rescind Student's Degree, Charging Fraud," *The Ann Arbor News*, October 18, 1980, p. A9.

案例:斯特劳斯(波士顿大学的肿瘤研究人员)

时间:1977—1978年

• 斯特劳斯属下的一批研究人员和护士承认在临床试验中伪造数据,并说有些伪造是按照斯特劳斯的旨意做的。斯特劳斯否认有任何不端行为。

参阅读物: Nils J. Bruzelius and Stephen A. Kurkjian, "Cancer Research Data Falsified; Boston Project Collapses," *Boston Globe*, five-part series starting June 29, 1980, p. 1.

案例:阿尔萨布蒂(伊拉克医学专业学生,后在美国数所研究中心工作)

时间:1977—1980年

• 剽窃学术论文,总数可能达到60篇。

参阅读物：William J. Broad, "Would-be Academician Pirates Papers," *Science*, 208, 1438–1440, 1980.

案例：德尔（Stephen Krogh Derr）（密歇根州霍普学院放射化学研究人员）

时间：1978年

• 被指控凭空编造了据说是将钚从中毒工人体内清除的治疗结果。

参阅读物：Lawrence McGinty, "Researcher Retracts Claims on Plutonium Treatment," *New Scientist*, October 4, 1979, pp. 3–4.

案例：约翰·朗（马萨诸塞州综合医院病理研究人员）

时间：1978—1980年

• 在一项关于病人细胞系研究的过程中伪造数据，用一只哥伦比亚棕足枭猴的细胞冒充人的细胞。

参阅读物：Nicholas Wade, "A Diversion of the Quest for Truth," *Science*, 211, 1022–1025, 1981.

案例：索曼（耶鲁大学生物医学研究人员）

时间：1978—1980年

• 在3篇论文中发表伪造的研究成果，故意扔掉其他一些论文的原始数据，一共导致12篇论文被撤销。

参阅读物：Morton Hunt, "A Fraud That Shook the World of Science," *The New York Times Magazine*, November 1, 1981, pp. 42–75.

案例：斯佩克特（一位青云直上的康奈尔大学年轻生物化学研究人员）

时间：1980—1981年

· 斯佩克特所做的一系列漂亮的实验很可能证明一种关于癌症病因的新理论，但这些实验后来被查明都是欺骗。斯佩克特否认有任何不端之举，声称有人对试管做了手脚。

参阅读物：Nicholas Wade, "The Rise and Fall of a Scientific Superstar," *New Scientist*, September 24, 1981, pp. 781–782.

案例：珀维斯（M. J. Purves）（布里斯托尔大学生理学研究人员）

时间：1981年

· 以伪造的研究工作写成论文提交给国际生理学大会。在学校调查以后，他撤销了自己的论文，并辞去了工作。

参阅读物："Scientific Fraud: In Bristol Now," *Nature*, 294, 509, 1981.

案例：达尔西（哈佛医学院心脏病学研究人员）

时间：1981年

· 承认伪造了一项实验，同时，特别委员会又发现另外两项实验有严重造假嫌疑。

参阅读物：William J. Broad, "Report Absolves Harvard in Case of Fakery," *Science*, 215, 874–876, 1982.

案例：黑尔（Arthur Hale，韦克福里斯特大学鲍曼·格雷医学院免疫学研究人员）

时间：1981年

· 韦克福里斯特大学官员经过调查发现，黑尔伪造了一项实验，而且另外20项实验也没有充分的原始数据。黑尔为此辞职，但否认做过任何坏事。

　　参阅读物：Winston Cavin 的几篇文章（*Greensboro News & Record*,
January 31, 1982）。

参考文献和注释

第一章 并不完美的理念

1. *Fraud in Biomedical Research.* Hearings before the Subcommittee on Investigations and Oversight of the Committee on Science and Technology, U. S. House of Representatives, Ninety-Seventh Congress, March 31–April 1, 1981 (U. S. Government Printing Office, No. 77–661, Washington, 1981), pp. 1–380.

2. Nicholas Wade, "A Diversion of the Quest for Truth," *Science*, 211, 1022–1025, 1981.

3. William J. Broad, "Harvard Delays in Reporting Fraud," *Science*, 215, 478–482, 1982.

4. William J. Broad, "Report Absolves Harvard in Case of Fakery," *Science*, 215, 874–876, 1982。另请参阅"A Case of Fraud at Harvard," *Newsweek*, February 8, 1982, p. 89。

第二章 历史上的欺骗

1. C. Kittel, W. D. Knight, M. A. Ruderman, *The Berkeley Physics Course*, Vol. 1, *Mechanics* (McGraw-Hill, New York, 1965)。这段连同针对科学教科书作家运用历史的饶有兴趣的分析,被引用于 Stephen G. Brush, "Should the History of Science Be Rated X?" *Science*, 183, 1164–1172, 1974。

2. Dennis Rawlins, "The Unexpurgated Almajest: The Secret Life of the Greatest Astronomer of Antiquity," *Journal for the History of Astronomy*, in press.

3. Robert R. Newton, *The Crime of Claudius Ptolemy* (Johns Hopkins University Press, Baltimore, 1977)。关于这场争论的情况,另请参阅 Nicholas Wade, "Scandal in the Heavens: Renowned Astronomer Accused of Fraud," *Science*, 198, 707–709, 1977。

4. Owen Gingerich, "On Ptolemy As the Greatest Astronomer of Antiquity," *Science*, 193, 476–477, 1976, 以及 "Was Ptolemy a Fraud?" preprint No. 751, Center for Astrophysics, Harvard College Observatory, Cambridge, 1977。另请参阅一篇概述了试图赦免托勒密的新闻评论,见 *Scientific American*, 3, 90–93, 1979。

5. Cecil J. Schneer, *The Evolution of Physical Science* (Grove Press, New York, 1960), p. 65.

6. I. Bernard Cohen, *Lives in Science* (Simon & Schuster, New York, 1957), p. 14.

7. 有些研究认为,伽利略是可以很方便地完成某些实验的,而那些声称这些实验都是凭空想象的历史学家都有点夸大其词。请参阅 Thomas B. Settle, "An Experiment in the History of Science," *Science*, 133, 19–23, 1961。另请参阅 Stillman Drake, "Galileo's Experimental Confirmation of Horizontal Inertia: Unpublished Manuscripts," *Isis*, 64, 291–305, 1973。亦可参阅 James MacLachlan, "A Test of an Imaginary Experiment of Galileo's," *Isis*, 64, 374–379, 1973。

8. Alexandre Koyré, "Traduttore-Traditore. A Propos de Copernic et de Galilée," *Isis*, 34, 209–210, 1943.

9. Alexandre Koyré, *Études Galiléennes* (Hermann, Paris, 1966)。为 1935—1939 年间发表的三篇文章的再版。

10. Richard S. Westfall, "Newton and the Fudge Factor," Science, 179, 751–758, 1973。亦可参阅 *Science*, 180, 1118, 1973 刊登的读者来信。

11. William J. Broad, "Priority War: Discord in Pursuit of Glory," *Science*, 211, 465–467, 1981.

12. J. R. Partington, *A Short History of Chemistry* (Harper & Brothers, New York, 1960), p.170。另请参阅 Leonard K. Nash, "The Origin of Dalton's Chemical Atomic Theory," *Isis*, 47, 101–116, 1956。

13. J. R. Partington, "The Origins of the Atomic Theory," *Annals of Science*, 4, 278, 1939.

14. Charles Babbage, *Reflections on the Decline of Science in England* (Augustus M. Kelley, New York, 1970), pp. 174–183.

15. Loren Eiseley, *Darwin and the Mysterious Mr. X* (E. P. Dutton, New York, 1979).

16. Stephen J. Gould, "Darwin Vindicated," *The New York Review of Books*, August 16, 1979, p. 36.

17. Francis Darwin, *The Life and Letters of Charles Darwin* (John Murray, London, 1887), p. 220.

18. L. Huxley, *Life and Letters of Thomas Henry Huxley* (Macmillan, London, 1900), p. 97.

19. 对诸如此类达尔文对于野心的引证,请参阅 Robert K. Merton, *The Sociology of Science: Theoretical and Empirical Investigations* (University of Chicago Press, 1973), pp. 305–307。

20. R. A. Fisher, "Has Mendel's Work Been Rediscovered?" *Annals of Science*, 1, 115–137, 1936。有关孟德尔的一些相关文章的再版,请参阅 Curt Stern and Eva R. Sherwood, *The Origin of Genetics: A Mendel Source Book* (W. H. Freeman and Co., San Francisco, 1966), pp. 1–175。

21. L. C. Dunn, *A Short History of Genetics* (McGraw-Hill, New York, 1965), p. 13.

22. 关于赖特的分析,请参阅 Curt Stern and Eva R. Sherwood, *The Origin of Ge-*

netics: A Mendel Source Book（W. H. Freeman and Co., San Francisco, 1966），pp. 173–175。

23. B. L. van der Waerden, "Mendel's Experiments," *Centaurus* 12, 275–288, 1968.

24. 佚名, "Peas on Earth," *Hort Science*, 7, 5, 1972。

25. Peter B. Medawar, *The Art of the Soluble*（Barnes & Noble, New York, 1968），p. 7.

26. Gerald Holton, "Subelectrons, Presuppositions, and the Millikan-Ehrenhaft Dispute," *Historical Studies in the Physical Sciences*, 9, 166–224, 1978.

27. Allan D. Franklin, "Millikan's Published and Unpublished Data on Oil Drops," *Historical Studies in the Physical Sciences*, 11, 185–201, 1981.

28. 关于斯坦福大学发现的报道，请参阅"Fractional Charge," *Science* 81, April 1981, p. 6。

第三章　野心家的崛起

1. 关于阿尔萨布蒂一案的情况，请参阅 William J. Broad, "Would-Be Academician Pirates Papers," *Science*, 208, 1438–1440, 1980; 以及 Susan V. Lawrence, "Let No One Else's Work Evade Your Eyes...," *Forum on Medicine*, September 1980, pp. 582–587。

2. E. A. K. Alsabti, "Tumor Dormancy（A Review）," *Neoplasma*, 26, 351–361, 1979。这实际上是阿尔萨布蒂根据惠洛克申请研究经费报告和论文稿写的三篇内容完全相同的文章之一。另请参阅"Tumor Dormancy: A Review," *Tumor Research*（Sapporo）, 13, 1–13, 1978, 以及"Tumor Dormancy," *Journal of Cancer Research and Clinical Oncology*, 95, 209–220, 1979。

3. Daniel Wierda and Thomas L. Pazdernik, "Suppression of Spleen Lymphocyte Mitogenesis in Mice Injected with Platinum Compounds," *European Journal of Cancer*, 15, 1013–1023, 1979。关于阿尔萨布蒂抄袭的这篇论文，见 Elias A. K. Alsabti *et al.*, "Effect of Platinum Compounds on Murine Lymphocyte Mitogenesis," *Japanese Journal of Medical Science and Biology*, 32, 53–65, 1979。

4. Elias A. K. Alsabti, "Tumor Dormancy: A Review," *Tumor Research*, 13, 1–13, 1978; "Carcinoembryonic Antigen（CEA）in Plasma of Patients with Malignant and Non-Malignant Diseases," *Tumor Research*, 13, 57–63, 1978; "Serum Immunoglobulins in Acute Myelogenous Leukemia," *Tumor Research*, 13, 64–69, 1978.

5. Takanobu Yoshida et al., "Diagnostic Evaluation of Serum Lipids in Patients with Hepatocellular Carcinoma," *Japanese Journal of Clinical Oncology*, 7, 15–20, 1977。阿尔萨布蒂的剽窃论文：Elias A. K. Alsabti, "Serum Lipids in Hepatoma," *Oncology*, 36, 11–14, 1979。

6. William J. Broad, "Would-be Academician Pirates Papers," *Science*, 208, 1438–1440, 1980; "An Outbreak of Piracy in the Literature," *Nature*, 285, 429–430, 1980;

William J. Broad, "Jordanian Denies He Pirated Papers," *Science*, 209, 249, 1980; William J. Broad, "Jordanian Accused of Plagiarism Quits Job," *Science*, 209, 886, 1980; William J. Broad, "Charges of Piracy Follow Alsabti," *Science*, 210, 291, 1980; "One Journal Disowns Plagiarism," *Nature*, 286, 437, 1980.

7. "Must Plagiarism Thrive?" *British Medical Journal*, July 5, 1980, pp. 41–42.

8. "Plagiarism Strikes Again," *Nature*, 286, 433, 1980.

9. Lawrence, 见前文引。

10. Stephen M. Lawani, unpublished letter, *Science*.

11. Jonathan R. Cole and Stephen Cole, "The Ortega Hypothesis," *Science*, 178, 368–375, 1972.

12. William J. Broad, "The Publishing Game: Getting More for Less," *Science*, 211, 1137–1139, 1981.

13. Roy Reed, "Plagiarism Charge Is Stirring Political Fight at Texas College," *The New York Times*, March 10, 1969; "McCrocklin Attempts Defense，" *Texas Observer*, March 7, 1969, pp. 6–8; "The McCrocklin Resignation," *Texas Observer*, May 9, 1969, p. 17.

14. Philip M. Boffey, "W. D. McElroy: An Old Incident Embarrasses New NSF Director," *Science*, 165, 379–380, 1969.

15. Morton Mintz, "Top U. S. Alcohol Expert Hit on Book Similarities," *Washington Post*, April 10, 1971, p. 1.

16. Daniel S. Greenberg, "Alcoholism Post Stirs Conflict," *Science & Government Report*, May 15, 1971, p. 3.

17. "Plagiarism strikes again," *Nature*, 286, 433, 1980.

第四章　重复实验的局限性

1. Lewis Thomas, "Falsity and Failure," *Discover*, June 1981, pp. 38–39.

2. *Fraud in Biomedical Research*. Hearings before the Subcommittee on Investigations and Oversight of the Committee on Science and Technology, U. S. House of Representatives, Ninety-Seventh Congress, March 31–April 1, 1981 (U. S. Government Printing Office, No. 77–661, Washington, 1981), p. 12.

3. Charles P. Snow 在美国科学促进会年会上的讲话，请参阅 *Science*, 133, 256–259, 1961。

4. Robert K. Merton, "The Normative Structure of Science," in *The Sociology of Science*, Norman W. Storer, ed. (University of Chicago Press, 1973), pp. 267–278。默顿的观点经历了从早期到更为理想化模式的演化历程；请参阅 Robert K. Merton, "Priorities in Scientific Discovery," in *The Sociology of Science*, Norman V. Storer, ed. (Chicago: University of Chicago Press, 1973) pp. 308–316。另一方面，对于学校舞弊的更为

全面的评论, 请参阅 Harriet Zuckerman, "Deviant Behavior and Social Control in Science," in *Deviance and Social Change*, Edward Sagarin, ed. (Beverly Hills: Sage Publications, 1977) pp. 87-138。

5. June Goodfield, *Cancer Under Siege* (Hutchinson, London, 1975), p. 218.

6. 关于斯佩克特事件的第一篇文章是由 Jeffrey L. Fox 写的, 题为"Theory Explaining Cancer Partly Retracted", 见 *Chemical and Engineering News*, September 7, 1981, pp. 35-36。两篇稍后发表但更全面论述的文章是: Nicholas Wade, "The Rise and Fall of a Scientific Superstar," *New Scientist*, September 24, 1981, pp. 781-782; 以及 Kevin McKean, "A Scandal in the Laboratory," *Discover*, November 1981, pp. 18-23。最早的报道见 1981 年《新科学家》杂志的一篇文章。

7. Efraim Racker and Mark Spector, "The Warburg Effect Revisited: Merger of Biochemistry and Molecular Biology," *Science*, 213, 303-307, 1981.

8. 出处同上。

9. Judith Horstman, "Famed Cornell Scientist Retracts Major Cancer Discovery," *Ithaca Journal*, September 9, 1981.

10. Mark Spector, Robert B. Pepinsky, Volker M. Vogt, and Efraim Racker, "A Mouse Homolog to the Avian Sarcoma Virus src Protein Is a Member of a Protein Kinase Cascade," *Cell*, 25, 9-21, July 1981.

11. William J. Broad, "Fraud and the Structure of Science," *Science*, 212, 137-141, 1981.

12. Leroy Wolins, "Responsibility for Raw Data," *American Psychologist*, 17, 657-658, 1962.

13. James R. Craig and Sandra C. Reese, "Retention of Raw Data: A Problem Revisited," *American Psychologist*, 28, 723, 1973.

14. Jonathan R. Cole and Stephen Cole, "The Ortega Hypothesis," *Science*, 178, 368-375, 1972.

15. Franz Samelson, "J. B. Watson's Little Albert, Cyril Burt's Twins, and the Need for a Critical Science," *American Psychologist*, 35, 619-625, July 1980.

16. Nicholas Wade, "Physicians Who Falsify Drug Data," *Science*, 180, 1038, 1973.

17. *Pharmaceutical Manufacturers Association Newsletter*, June 1, 1981, p. 4.

18. Constance Holden, "FDA Tells Senators of Doctors Who Fake Data in Clinical Drug Trials," *Science*, 206, 432-433, 1979.

19. R. Jeffrey Smith, "Creative Penmanship in Animal Testing Prompts FDA Controls," *Science*, 198, 1227-1229, 1977.

20. Joann S. Lublin, "A Lab's Troubles Raise Doubts About the Quality of Drug Tests in U.S.," *The Wall Street Journal*, February 21, 1978.

21. Hank Klibanoff, "A Major Lab Faces Big Test of Its Own," Boston Globe, May 11, 1981; "U. S. Charging 4 Falsified Reports on Drugs in Lab," *The New York Times*,

June 23, 1981。当本书出版时(1982年)这件案例还未进行审判。

22. Linda Garmon, "Since the Giant Fell," *Science News*, July 4, 1981, p. 11.

23. Smith, 见前文引。

24. Howie Kurtz, "Agencies Re-examining Hundreds of Products," *Washington Star*, July 5, 1981.

25. Joann S. Lublin, "FDA Is Tightening Control over Drug Studies on Indications Some Doctors Have Faked Them," *The Wall Street Journal*, May 15, 1980.

26. John Ziman, "Some Pathologies of the Scientific Life," *Nature*, 227, 996, 1970.

27. 引自 Joseph Hixson, *The Patchwork Mouse* (Doubleday, New York, 1976), p. 147。

28. Susan Lawrence, "Watching the Watchers," *Science News*, 119, 331–333, 1981.

29. William Broad, "Harvard Delays in Reporting Fraud," *Science*, 215, 478–482, 1982.

30. Theodore Xenophon Barber, *Pitfalls in Human Research* (Pergamon Press, New York, 1973), p. 45.

31. Stephen J. Gould, "Morton's Ranking of Races by Cranial Capacity," *Science*, 200, 503–509, 1978.

32. Ian St. James-Roberts, "Are Researchers Trustworthy?" *New Scientist*, 71, 481–483, 1976.

33. Ian St. James-Roberts, "Cheating in Science," *New Scientist*, 72, 466–469, 1976.

34. R. V. Hughson and P. M. Cohn, "Ethics," *Chemical Engineering*, September 22, 1980.

35. Deena Weinstein, "Fraud in Science," *Social Science Quarterly*, 59, 639–652, 1979.

第五章　精英集团的权力

1. Robert Merton, "The Normative Structure of Science," in *The Sociology of Science*, Norman W. Storer, ed. (University of Chicago Press, 1973), pp. 267–280.

2. 关于约翰·朗这一事件的部分情况最早见于 Nicholas Wade, "A Diversion of the Quest for Truth," *Science*, 211, 1022–1025, 1981, © 1981, American Association for the Advancement of Science。

3. John C. Long, Ann M. Dvorak, Steven C. Quay, Cathryn Stamatos, and Shu-Yuan Chi, "Reaction of Immune Complexes with Hodgkin's Disease Tissue Cultures: Radioimmune Assay and Immunoferritin Electron Microscopy," *Journal of the National Cancer Institute*, 62, 787–795, 1979.

4. Nancy Harris, David L. Gang, Steven C. Quay, Sibrand Poppema, Paul C. Za-

mecnik, Walter A. Nelson-Rees, and Stephen J. O'Brien, "Contamination of Hodgkin's Disease Cell Cultures," *Nature*, 289, 228–230, 1981.

5. Paul C. Zamecnik and John C. Long, "Growth of Cultured Cells from Patients with Hodgkin's Disease and Transplantation into *Nude* Mice," *Proceedings of the National Academy of Sciences*, 74, 754–758, 1977.

6. 马萨诸塞州综合医院院长 Ronald W. Lamont-Havers 1980 年 5 月 5 日致国立癌症研究所 Ronald Lieberman 的函。

7. Zamecnik and Long, 见前文引。

8. John C. Long, Paul C. Zamecnik, Alan C. Aisenberg, and Leonard Atkins, "Tissue Culture Studies in Hodgkin's Disease," *Journal of Experimental Medicine*, 145, 1484–1500, 1977.

9. *Fraud in Biomedical Research*. Hearings before the Subcommittee on Investigations and Oversight of the Committee on Science and Technology, U. S. House of Representatives, Ninety-Seventh Congress, March 31–April 1, 1981 (U. S. Government Printing Office, No. 77–661, Washington, 1981), pp. 65–66.

10. Robert H. Ebert, "A Fierce Race Called Medical Education," *The New York Times*, July 9, 1980.

11. Isabel R. Plesset, *Noguchi and His Patrons* (Fairleigh Dickinson University Press, Rutherford, N.J., 1980).

12. Hugh H. Smith, "A Microbiologist Once Famous," *Science* 212, 434–435, 1981.

13. Jonathan R. Cole and Stephen Cole, "The Ortega Hypothesis," *Science*, 178, 368–374, 1972.

14. Robert Merton, "The Matthew Effect in Science," in *The Sociology of Science*, Norman W. Storer, ed. (University of Chicago Press, 1973), pp. 439–459.

15. Stephen Cole, Leonard Rubin, and Jonathan R. Cole, "Peer Review and the Support of Science," *Scientific American*, 237, 34–41, 1977.

16. Stephen Cole, Jonathan R. Cole, and Gary A. Simon, "Chance and Consensus in Peer Review," *Science*, 214, 881–886, 1981.

17. 引自 Bernard Barber, "Resistance by Scientists to Scientific Discovery," *Science*, 134, 596–602, 1961.

18. 出处同上。

19. Robert K. Merton and Harriet Zuekerman, "Institutionalized Patterns of Evaluation in Science," in *The Sociology of Science*, Norman W. Storer, ed. (University of Chicago Press, 1973), pp. 460–496.

20. Douglas P. Peters and Stephen J. Ceci, "A Manuscript Masquerade," *The Sciences*, September 1980, 16–19, 35.

21. Michael J. Mahoney, "Publication Prejudices: An Experimental Study of Confirmatory Bias in the Peer Review System," *Cognitive Therapy and Research*, 1, 161–175,

1977.

22. P. G. Pande, R. R. Shukla, and P. C. Sekariah, "Toxoplasma from the Eggs of the Domestic Fowl (Gallus gallus)," *Science*, 133, 648, 1961.

23. Editorial board of Science, "An Unfortunate Event," *Science*, 134, 945–946, 1961.

24. Joseph Hanlon, "Top Food Scientist Published False Data," *New Scientist*, November 7, 1974, pp. 436–437.

25. Michael T. Kaufman, "India Stepping Up Money for Science," *The New York Times*, January 17, 1982.

第六章 自我欺骗和轻易受骗

1. 有趣的是,赞成传统科学意识形态的历史学家们为了挽回自己的面子,又提出胡克和弗拉姆斯蒂德看到的是另一种现象,即光行差,胡克他们把它误认为是恒星视差了。其实这种解释不能为他们开脱,光行差是布莱德利(James Bradley)1725年试图重复胡克关于恒星视差的观察时发现的。布莱德利特别指出,胡克的数据不可能是测量恒星光行差得来的。加利福尼亚大学伯克利分校的赫瑟林顿指出:"看来,胡克的发现正是他想要发现的东西。"("Questions About the Purported Objectivity of Science," unpublished MS)。

2. Robert Rosenthal, *Experimenter Effects in Behavioral Research* (Appleton-Century-Crofts, New York, 1966), pp. 158–179.

3. 出处同上, pp. 411–413.

4. Jean Umiker-Sebeok and Thomas A. Sebeok, "Clever Hans and Smart Simians," *Anthropos*, 76, 89–166, 1981.

5. Nicholas Wade, "Does Man Alone Have Language? Apes Reply in Riddles, and a Horse Says Neigh," *Science*, 208, 1349–1351, 1980.

6. Mary Jo Nye, "N-rays: An Episode in the History and Psychology of Science," *Historical Studies in the Physical Sciences*, 11:1, 125–156, 1980.

7. Jean Rostand, *Error and Deception in Science* (Basic Books, New York, 1960), p. 28.

8. Nye, 见前文引, p. 155.

9. Rosenthal, 见前文引, pp. 3–26.

10. Theodore Xenophon Barber, *Pitfalls in Human Research* (Pergamon Press, New York, 1973), p. 88.

11. Richard Berendzen and Carol Shamieh, "Maanen, Adriann van," *Dictionary of Scientific Biography* (Charles Scribner's Sons, New York, 1973), pp. 582–583.

12. Norriss S. Hetherington, "Questions About the Purported Objectivity of Science," unpublished MS.

13. Melvin E. Jahn and Daniel J. Woolf, T*he Lying Stones of Dr. Johann Bartholomew Adam Beringer* (University of California Press, Berkeley, 1963).

14. 出处同上。

15. Charles Babbage, *Reflections on the Decline of Science in England* (Augustus M. Kelley, New York, 1970).

16. Edward Anders *et al.*, "Contaminated Meteorite," *Science*, 146, 1157–1161, 1964.

17. J. S. Weiner, *The Piltdown Forgery* (Oxford University Press, London, 1955).

18. Charles Dawson and Arthur Smith Woodward, "On a Bone Implement from Piltdown," *Quarterly Journal of the Geological Society*, 71, 144–149, 1915.

19. L. Harrison Matthews, "Piltdown Man: The Missing Links," *New Scientist*, a ten-part series, beginning April 30, 1981, pp. 280–282.

20. 引自 Stephen J. Gould, *The Panda's Thumb* (W. W. Norton, New York, 1980), p. 112。

21. J. B. Rhine, "Security Versus Deception in Parapsychology," *Journal of Parapyschology*, 38, 99–121, 1974.

22. J. B. Rhine, "A New Case of Experimenter Unreliability," *Journal of Parapsychology*, 38, 215–225, 1974.

23. Russell Targ and Harold Puthoff, "Information Transmission Under Conditions of Sensory Shielding," *Nature*, 251, 602–607, 1974.

24. Martin Gardner, "Magic and Paraphysics," *Technology Review*, June 1976, pp. 43–51.

25. Umiker-Sebeok and Sebeok, 见前文引。

26. Cullen Murphy, "Shreds of Evidence," *Harper's*, November 1981, pp. 42–65.

27. Walter C. McCrone, "Microscopical Study of the Turin 'Shroud,'" *The Microscope*, 29, 1, 1981.

第七章　所谓逻辑性的谎言

1. Thomas S. Kuhn, *The Structure of Scientific Revolutions*, 2nd ed. (University of Chicago Press, 1970).

2. 关于库恩工作的部分论述引自 Nicholas Wade, "Thomas S. Kuhn: Revolutionary Theorist of Science," *Science*, 197, 143–145, © 1977, American Association for the Advancement of Science。

3. Paul Feyerabend, *Against Method* (Verso, London, 1975; distributed in U.S. by Schocken Books, New York).

4. Bernard Barber, "Resistance by Scientists to Scientific Discovery," *Science*, 134, 596–602, 1961.

5. 引自 Barber, 出处同上。

6. Max Planck, *The Philosophy of Physics*（George Allen & Unwin, London, 1936），p. 90.

7. Frank G. Slaughter, *Immortal Magyar*（Collier, New York, 1950）.

8. Michael Polanyi, *Personal Knowledge*（University of Chicago Press, 1958）, p. 13.

9. Stephen G. Brush, "Should the History of Science Be Rated X?" *Science*, 183, 1164–1172, 1974.

第八章　师傅和徒弟

1. 这一事件的部分内容早先见于 Nicholas Wade, "Discovery of Pulsars: A Graduate Student's Story," *Science*, 189, 358–364, © 1975, American Association for the Advancement of Science.

尽管师徒关系的这种崩溃近年来才有所加剧，但问题的根子很早就存在了。第二章中作为有选择地取用数据的典型的密立根事件，也反映了上级窃取下级荣誉的问题。密立根有一个叫弗莱切尔（Harvey Fletcher）的研究生，曾建议密立根在实验室中用油滴而不用水滴。他还为许多关键实验做了许多设备。促使密立根获得诺贝尔奖的那篇1910年的论文，大部分是弗莱切尔写的，他曾满怀希望成为该文的合作者。但密立根把全部功劳占为了己有。对于侵占的论述，请参阅 Harvey Fletcher, "My Work with Millikan on the Oil-Drop Experiment," *Physics Today*, 35, 43–47, 1982。

2. Julius A. Roth, "Hired Hand Research," *The American Sociologist*, August 1966, pp. 190–196.

3. Mike Muller, "Why Scientists Don't Cheat," *New Scientist*, June 2, 1977, pp. 522–523.

4. Robert J. Gullis, "Statement," *Nature*, 265, 764, 1977.

5. 出处同上。另请参阅 Charles E. Rowe, "Net Activity of Phospholipase A2 in Brain and the Lack of Stimulation of the Phospholipase A2-Acylation System," *Biochemical Journal*, 164, 287–288, 1977.

6. Eugene Garfield, "The 1000 Contemporary Scientists Most-Cited 1965–1978," *Current Contents*, No. 41, October 12, 1981, pp. 5–14.

7. Barbara J. Culliton, "The Sloan-Kettering Affair: A Story Without a Hero," *Science*, 184, 644–650, 1974; 以及 "The Sloan-Kettering Affair（Ⅱ）: An Uneasy Resolution," *Science*, 184, 1154–1157, 1974。

8. Peter B. Medawar, "The Strange Case of the Spotted Mice," *The New York Review of Books*, April 15, 1976, p. 8。关于萨默林案的情况，还可参阅 Joseph Hixson, *The Patchwork Mouse*（New York: Doubleday, 1976）。

9. Lois Wingerson, "William Summerlin: Was He Right All Along?" *New Scientist*,

February 26, 1981, pp. 527–529.

10. 本段可见于 June Goodfield, *Cancer Under Siege* (Hutchinson, London, 1975), p. 232。

11. Culliton, 见前文引, p. 1155.

12. William J. Broad, "Harvard Delays in Reporting Fraud," *Science*, 215, 478–482, 1982.

13. William J. Broad, "Report Absolves Harvard in Case of Fakery," *Science*, 215, 874–876, 1982.

14. Nils J. Bruzelius and Stephen A. Kurkjian, "Cancer Research Data Falsified; Boston Project Collapses," *Boston Globe*, five-part series starting June 29, 1980, p. 1.

15. 关于斯特劳斯最早的公开辩护的全面评论，请参阅 William J. Broad, "...But Straus Defends Himself in Boston," *Science*, 212, 1367–1369, 1981。这个特殊的引文见 "Team Research: Responsibility at the Top," *Science*, 213, 114–115, 1981。

第九章 免受检查

1. 部分评论引自 William J. Broad, "Imbroglio at Yale（Ⅰ）: Emergence of a Fraud," *Science*, 210, 38–41, 1980; "Imbroglio at Yale（Ⅱ）: A Top Job Lost," *Science*, 210, 171–173, © 1980, American Association for the Advancement of Science。

2. Helena Wachslicht-Rodbard et al., "Increased Insulin Binding to Erythrocytes in Anorexia Nervosa," *New England Journal of Medicine*, 300, 882–887, 1979.

3. Helena Wachslicht-Rodbard, letter to Robert W. Berliner, Dean, Yale University School of Medicine, March 27, 1979, p. 2.

4. *Fraud in Biomedical Research*. Hearings before the Subcommittee on Investigations and Oversight of the Committee on Science and Technology, U. S. House of Representatives, Ninety-Seventh Congress, March 31–April 1, 1981 (U. S. Government Printing Office, No. 77–661, Washington, 1981), p. 103.

5. Philip Felig, handwritten memo to Robert W. Berliner, Dean, Yale University School of Medicine, April 9, 1979.

6. Vijay R. Soman and Philip Felig, "Insulin Binding to Monocytes and Insulin Sensitivity in Anorexia Nervosa," *American Journal of Medicine*, 68, 66–72, 1980.

7. 关于这些扩展了的引文，见 Morton Hunt, "A Fraud That Shook the World of Science," *The New York Times Magazine*, November 1, 1981, pp. 42–75, © 1981, The New York Times Company。

8. 出处同上, p. 58.

第十章 压力下的退让

1. I. P. Pavlov, "New Researches on Conditioned Reflexes," *Science*, 58, 359–361,

1923.

2. Gregory Razran, "Pavlov the Empiricist," *Science*, 130, 916–917, 1959.

3. G. K. Noble, "Kammerer's *Alytes*," *Nature*, 118, 209–210, 1926.

4. Paul Kammerer, "Paul Kammerer's Letter to the Moscow Academy," *Science*, 64, 493–494, 1926.

5. Arthur Koestler, *The Case of the Midwife Toad* (Hutchinson, London, 1971).

6. Lester R. Aronson, "The Case of *The Case of the Midwife Toad*," *Behavior Genetics*, 5, 115–125, 1975.

7. Alma Mahler Werfel, *And the Bridge Is Love* (Harcourt Brace, New York, 1958).

8. Richard B. Goldschmidt, "Research and Politics," *Science*, 109, 219–227, 1949.

9. Zhores A. Medvedev, *The Rise and Fall of T. D. Lysenko* (Columbia University Press, New York, 1969).

10. David Joravsky, *The Lysenko Affair* (Harvard University Press, Cambridge, 1970).

11. J. M. Ziman, "Some Pathologies of the Scientific Life," *Nature*, 227, 996–997, 1970.

第十一章 客观性的失败

1. Stephen J. Gould, "Morton's Ranking of Races by Cranial Capacity," *Science*, 200, 503–509, 1978.

2. Stephen J. Gould, *The Mismeasure of Man* (Norton, New York, 1981).

3. Allan Chase, *The Legacy of Malthus* (Knopf, New York, 1976).

4. Gould, *The Mismeasure of Man*.

5. Franz Samelson, "Putting Psychology on the Map," in *Psychology in Social Context*, Allan R. Buss, ed. (Irvington Publishers, New York, 1979), pp. 103–165.

6. Arthur R. Jensen, "Sir Cyril Burt," *Psychometrika*, 37, 115–117, 1972.

7. L. S. Hearnshaw, *Cyril Burt, Psychologist* (Hodder and Stoughton, London, 1979).

8. Cyril L. Burt, "Intelligence and Heredity: Some Common Misconceptions," *Irish Journal of Education*, 3, 75–94, 1969.

9. Arthur R. Jensen, "How Much Can We Boost IQ and Scholastic Achievement?" *Harvard Educational Review*, 39, 1–123, 1969.

10. Richard Herrnstein, "I.Q.," *The Atlantic*, September 1971, pp. 43–64.

11. Nicholas Wade, "IQ and Heredity: Suspicion of Fraud Beclouds Classic Experiment," *Science*, 194, 916–919, 1976.

12. Cyril L. Burt, "The Evidence of the Concept of Intelligence," *British Journal of Educational Psychology*, 25, 158–177, 1955.

13. Cyril L. Burt, "The Inheritance of Mental Ability," *American Psychologist*, 13, 1-15, 1958.

14. Cyril L. Burt, "The Genetic Determination of Differences in Intelligence: A Study of Monozygotic Twins Reared Together and Apart," *British Journal of Psychology*, 57, 137-153, 1966.

15. Leon J. Kamin, *The Science and Politics of I.Q.* (Lawrence Erlbaum, Potomac, Md., 1974).

16. Arthur R. Jensen, "Kinship Correlations Reported by Sir Cyril Burt," *Behavior Genetics*, 4, 1-28, 1974.

17. Oliver Gillie, "Crucial Data Was Faked by Eminent Psychologist," *Sunday Times* (London), October 24, 1976.

18. Wade, 见前文引。

19. Hearnshaw, *Cyril Burt, Psychologist*.

20. Leslie S. Hearnshaw, "Balance Sheet on Burt," *Supplement to the Bulletin of the British Psychological Society*, 33, 1-8, 1980.

21. Hearnshaw, *Cyril Burt, Psychologist*.

22. Wade, 见前文引。

23. Wade, 见前文引。

24. Wade, 见前文引。

译后记

　　近年来，一些科研人员剽窃他人成果之类的事件在媒体上时有曝光，在社会上激起了一阵阵波澜，科技工作者的职业道德问题引起了科技界和有关部门的广泛关注。在这一形势下，威廉·布罗德和尼古拉斯·韦德合著的《背叛真理的人们》中文版再度与读者见面，我们认为是十分及时的。

　　科研活动中的舞弊现象或不端行为也许可以追溯到很久以前，但它真正引起人们的注意和讨论还是在20世纪70年代以后。美国科学促进会（AAAS）等团体曾多次举行专题会议讨论这个问题，许多科学家（包括自然科学家和社会科学家）都卷入了这场大讨论。《背叛真理的人们》正是在这个背景下推出的。

　　20世纪80年代中期，经原国家科委林自新先生推荐，我们曾将这本书译成中文，由科学出版社出版。书中描写的科技界各色各样的舞弊案例和作者剖析的西方科研体制中存在的弊端确实令人震惊。但是毕竟当时中国的科技界刚从"文化大革命"的桎梏中解放出来不久，科技体制改革还处于酝酿和启动阶段，科研中的舞弊现象或不端行为还不可能成为人们关注的焦点。那时读这本书多少有点儿像是看演义小说。

　　20年来，随着我国社会主义市场经济体系的建立和科技体制改革的不断深入，我国的科学技术出现了前所未有的蓬勃发展局面。但与此同时，由于经济和社会形态的转变而在一部分人中滋生的个人主义、拜金主义、追逐名利、投机取巧等倾向也不可避免地反映到了科技界。

科技界的舞弊现象同样存在于我国,这已经成为不争的事实。今天,我们再读《背叛真理的人们》,肯定会另有一番感受。我们相信,这本书中文版的重新出版对于我们了解国外围绕这一命题所进行的讨论,认识科技界不端行为的实质、形式和危害,制定预防这类行为发生的措施,无疑是具有积极的参考价值的,肯定会受到社会各方面的关注。

在这本书中,作者引用了大量的案例,其中不少涉及一些历史上的著名科学家。需要指出的是,围绕这本书对这些事以及所涉及的人的评价,在学术界都是有争议的。作者对一些问题的看法,不少人也认为过于偏激。但他们对科学界舞弊现象产生根源的分析还是很有见地的。说到科技界的问题,人们往往比较注意少数人的舞弊现象,而对产生这种现象的土壤和环境(例如我国科技界目前的浮躁风气和这种风气反映出来的社会环境以及诸如科研成果评价标准等体制方面的问题)却注意不够。比较起来,后者对我国科学事业的危害要远远大于前者。

好在我国科技界和有关部门对这个问题没有采取回避和"讳疾忌医"的态度,许多老一辈科学家率先对科研中的不端行为进行揭露和抨击,国家自然科学基金委员会、中国科协、中国科学院、中国工程院等都组织了专门的研究,有关科研工作的道德规范和准则已经或正在制定和完善。虽然科研中的不端行为在短期内还不可能予以彻底根除,但随着有关政策的不断完善以及社会监督的日益加强,这些行为是可以得到有效遏制的。

本书这次出版前,我们又对译文重新作了校正,在这过程中,上海科技教育出版社的编辑同志给予了很大的帮助。在此,我们谨向他们表示由衷的感谢。

朱进宁　方玉珍
2004年12月

图书在版编目（CIP）数据

背叛真理的人们：科学殿堂中的弄虚作假/（美）威廉·布罗德,（美）尼古拉斯·韦德著；朱进宁，方玉珍译. —上海：上海科技教育出版社,2023.7

书名原文：Betrayers of the Truth: Fraud and Deceit in the Halls of Science

ISBN 978-7-5428-7950-9

Ⅰ.背…　Ⅱ.①威…　②尼…　③朱…　④方…　Ⅲ.①科学研究－道德规范－案例－世界　Ⅳ.①G31

中国国家版本馆CIP数据核字（2023）第082791号

责任编辑　潘　涛　傅　勇　林赵璘
封面设计　符　劼

BEIPAN ZHENLI DE RENMEN

背叛真理的人们——科学殿堂中的弄虚作假
［美］威廉·布罗德　　［美］尼古拉斯·韦德　著
朱进宁　方玉珍　译

出版发行　上海科技教育出版社有限公司
　　　　　　（上海市闵行区号景路159弄A座8楼　邮政编码201101）
网　　址　www.sste.com　www.ewen.co
经　　销　各地新华书店
印　　刷　上海商务联西印刷有限公司
开　　本　720×1000　1/16
印　　张　16.5
版　　次　2023年7月第1版
印　　次　2023年7月第1次印刷
书　　号　ISBN 978-7-5428-7950-9/N·1186
图　　字　09-2023-0220号
定　　价　68.00元